云南木本观赏植物资源

（第二册）

灌木·藤木

王继华　关文灵　李世峰◎主编

科学出版社
北京

内 容 简 介

《云南木本观赏植物资源》分为第一册和第二册，共收录云南木本观赏树种资源95科231属371种，彩色图片1000余幅。第二册包括灌木和藤木观赏树种，详细介绍了灌木和藤木观赏树种资源，具体内容包括中文名、拉丁学名、别名、形态特征、分布、生境习性、观赏特性和园林用途，同时匹配以精美的彩色照片。为便于检索和使用，附录编写了本书所写树种的拉丁学名与中文名对照索引。

本书读者对象为园林绿化设计人员、园林管理工作者、苗木生产经营者、园艺工作者及植物爱好者等；也可作为风景园林、园林等本科专业学生的教学参考书，以及园林相关专业研究生课程“园林植物资源学”的配套教材。

图书在版编目（CIP）数据

云南木本观赏植物资源．第2册／王继华，关文灵，李世峰主编．—北京：科学出版社，2015.9

ISBN 978-7-03-045904-6

Ⅰ.①云… Ⅱ.①王… ②关… ③李… Ⅲ.①木本植物－植物资源－云南省 Ⅳ.①S717.274

中国版本图书馆CIP数据核字（2015）第236288号

责任编辑：杨 岭 刘 琳／责任校对：贾伟娟

责任印制：余少力／封面设计：梨园排版

科学出版社出版

北京东黄城根北街16号

邮政编码：100717

http://www.sciencep.com

四川煤田地质制图印刷厂 印刷

科学出版社发行 各地新华书店经销

*

2016年3月第 一 版 开本：889×1194 1/16

2016年3月第一次印刷 印张：14.25

字数：360 000

定价：138.00元

（如有印装质量问题，我社负责调换）

编　委　会

主　　编　王继华　关文灵　李世峰

编　　委（按姓氏首字母顺序排列）

蔡艳飞　蔡　薇　陈　贤　李叶芳

李树发　陆　琳　林　锐　刘春雪

牛红彬　彭绿春　宋　杰　吴柳韵

解玮佳　徐　晶　张　露　周　儒

图片摄影　关文灵　李世峰

前　言

木本观赏植物由于其体量较大、立体感强、多年生、管理粗放等特点，因此在城乡绿化和生态恢复中起着非常重要的作用，是植物造景的骨干材料。原产本土的观赏树种（乡土树种）具有浓厚的地方色彩，并具有适应能力和抗逆性强的特点，是城乡绿化的重要材料。云南地处中国西南边陲，其特殊的地理位置、复杂多样的地貌和气候环境，孕育了丰富的生物资源，它是中国-喜马拉雅植物区系、中国-日本植物区系和古热带印度-马来亚植物区系的交汇处，是我国植物区系和生物资源最丰富的省区，尽管其土地面积仅为全国陆地面积的4%，但却占有全国50%以上的物种多样性，其中种子植物就有14 000多种，木本植物约6500种（不含竹类），是名副其实的“植物王国”。据有关资料分析统计，在云南具较重要观赏价值的植物类群有110个科，约490属，2500～3000种，其中杜鹃属（*Rhododendron*）、山茶属（*Camellia*）、蔷薇属（*Rosa*）、木兰科（*Magnoliaceae*）、槭树科（*Aceraceae*）等类群是世界著名的重要木本观赏植物。云南虽有独具特色的丰富的观赏树种资源，但乡土苗木开发起步晚，开发的种类仅是浩瀚野生资源中的极少部分，远不能满足城乡绿化建设的需求，尚有大量优良的野生观赏树种资源“藏在深山人未识”，未得到有效开发利用。然而，随着生态环境的破坏和非法采集，许多观赏树种资源已经或正在遭到严重破坏，其生存现状不容乐观，有些种类已濒临灭绝。

为进一步了解云南观赏树种资源现状，本课题组近十年来跑遍云南的山山水水，对云南的观赏植物资源进行了深入调查，并参考相关资料对云南观赏树种资源进行归纳整理，对其观赏性状进行评价。这对于进一步保护和开发云南的乡土树种资源、丰富云南园林绿化树种多样性具有重要指导意义。经后期整理，本书收录云南木本观赏树种资源共95科231属371种，彩色图片1000余幅。本书内容包括总论和各论两部分，其中总论部分在阐述云南自然环境特点和植被分布特点的基础上，对云南观赏树种资源进行观赏特性的评价分类。各论部分详细介绍371种观赏树种资源，具体内容包括中文名、拉丁学名、别名、形态特征、分布、生境和习性、观赏特性及园林用途，同时配以自主拍摄的精美彩色照片。为便于检索和使用，书后附有所写树种的中文名与拉丁学名对照索引。丛书前期分 2 册出版，第一册包括总论和乔木观赏树种的介绍；第二册包括灌木和藤木观赏树种的介绍。

本书各科的排列，裸子植物部分按郑万钧教授的分类系统排列，被子植物部分按克朗奎斯特（A. Cranguist）新分类系统（1998）排列。本书植物名称的确定、形态和分布的描述参考了《中国植物志》、《云南植物志》等学术专著。

本书图片大多数为编者自行拍摄，少数图片由友人提供。在野外资源调查照片拍摄过程中得到了云南格桑花卉有限责任公司的熊灿坤总经理和贵州省盘县电视台的邓强先生等友人的协助，在此对他们表示深切的谢意。

尽管在本书编写过程中编者已尽最大努力，但限于现有资料和编者学术水平及写作水平不足，遗漏及不当之处在所难免，敬请读者批评指正并提出宝贵意见，以便今后修正、完善、提高。

编　者

2015 年 8 月

目　录

各论（灌木）

各论（藤木）

各论（灌木）

云南木本观赏植物资源（第二册）

The Germplasm Resources of Woody Ornamental Plants in Yunnan， China

云南含笑

Michelia yunnanensis

木兰科　含笑属

别名：皮袋香，十里香，羊皮袋

形态特征：常绿灌木，高可达4m，枝叶茂密。芽、嫩枝、嫩叶上面及叶柄、花梗密被深红色平伏毛。叶片革质，倒卵形、狭倒卵形、狭倒卵状椭圆形，长4～10cm，宽1.5～3.5cm，先端圆钝或短急尖，基部楔形，上面深绿色，有光泽，下面常残留平伏毛，侧脉每边7～9条，干时网脉两面凸起；叶柄长4～5mm，托叶痕为叶柄长的2/3或达顶端。花梗粗短，长3～7mm，有1苞片脱落痕；花白色，极芳香，花被片3～12（17）片，倒卵形，倒卵状椭圆形，长3～3.5cm，宽1～1.5cm，内轮的狭小；雌蕊群卵圆形或长圆状卵圆形，长10～13mm。聚合果通常仅5～9个蓇葖发育，蓇葖扁球形，顶端具短尖，种子1～2粒。花期3～4月，果期8～9月。

◎**分布：**产云南贡山、丽江、大理、双柏、昆明、禄劝、寻甸、富民、嵩明、安宁、宜良、玉溪、易门、江川、华宁、峨山、元江、石屏、蒙自、金平、屏边、文山、广南、富宁、思茅、西双版纳、临沧、耿马、镇康、永德、龙陵；四川、贵州、西藏也有分布。

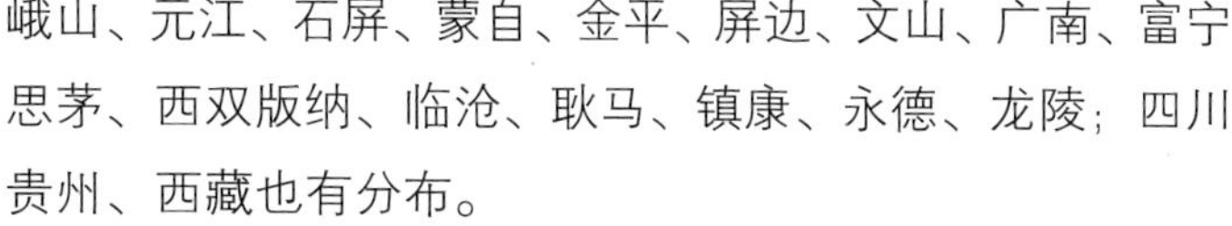

◎**生境和习性：**生于海拔1100～2300m的山地灌丛或林中。喜光，耐半阴。喜温暖多湿气候，有一定耐寒力，喜微酸性土壤。

◎**观赏特性及园林用途：**花朵繁密而有浓香，为名贵的香花植物。可盆栽用于布置室内或阳台、庭院等较大空间。因其香味浓烈，不宜陈设于小空间内。亦适于在小游园、花园、公园或街道上成丛种植，可配植于草坪边缘或稀疏林丛之下，使游人在休息之中享受芳香气息。

紫玉兰

Magnolia liliiflora

木兰科　木兰属

别名：木笔，辛夷

形态特征：落叶灌木，高达 3m，常丛生。树皮灰褐色，小枝绿紫色或淡褐紫色。叶片椭圆状倒卵形或倒卵形，长 8 ～ 18cm，宽 3 ～ 10cm，先端急尖或渐尖，基部渐狭沿叶柄下延至托叶痕，上面深绿色，幼嫩时疏生短柔毛，下面灰绿色，侧脉每边 8 ～ 10 条；叶柄长 8 ～ 20mm，托叶痕约为叶柄长之半。花叶同时开放，瓶形，直立，稍有香气；花被片 9 ～ 12，外轮 3 片，萼片状，紫绿色，披针形长 2 ～ 3.5cm，常早落，内两轮肉质，外面紫红色，内面带白色，花瓣状，椭圆状倒卵形，长 8 ～ 10cm，宽 3 ～ 4.5cm；雌蕊群淡紫色。聚合果深紫褐色，变褐色，圆柱形；成熟蓇葖近圆球形，顶端具短喙。花期 3 ～ 4 月，果期 8 ～ 9 月。

◎**分布：**产云南丽江、贡山、怒江；昆明有栽培。

◎**生境和习性：**生于海拔 300 ～ 1600m 的山坡林缘。喜光，不耐阴；较耐寒，喜肥沃、湿润、排水良好的土壤，忌黏质土壤，不耐盐碱；肉质根，忌水湿；根系发达，萌蘖力强。

◎**观赏特性及园林用途：**是著名的早春观赏花木，树形婀娜，枝繁花茂；开花时，满树红花，艳丽怡人，芳香优雅，适用于古典园林中厅前院后配植，也可孤植或散植于小庭院内。是优良的庭园、街道绿化植物，为中国传统花卉和中药，有 2000 多年的栽培历史。

蜡　梅

Chimonanthus praecox

蜡梅科　蜡梅属

别名：黄梅，狗矢蜡梅，狗蝇梅

形态特征： 落叶灌木，高达4m。幼枝四方形，老时近圆柱形，灰褐色，无毛或被疏微毛，有皮孔；鳞芽常生于第二年生的枝条叶腋内，芽鳞片近圆形，覆瓦状排列，外面被短柔毛。叶纸质至近革质，卵圆形、椭圆形、宽椭圆形、卵状椭圆形至长圆状披针形，长5～25cm，宽2～8cm，顶端急尖至渐尖，有时尾尖，基部急尖至圆形，除叶背脉上被疏毛外无毛。花生于第二年枝条叶腋内，先花后叶，芳香，直径2～4cm；花被片圆形、长圆形、倒卵形、椭圆形或匙形，长5～20mm，宽5～15m，内部花被片比外部的短，基部有爪。果托近木质化，坛状或倒卵状椭圆形，口部收缩，并具有被毛附生物。花期11月至翌年的3月，果期4～11月。

◎**分布：** 产云南丽江、大理、昆明，常栽培；贵州、四川、陕西、河南、湖北、湖南、江西、福建、浙江、安徽、江苏、山东有分布；广西、广东有栽培。

◎**生境和习性：** 生于海拔1890～2500m。性喜阳光，能耐阴、耐寒、耐旱，忌渍水。

◎**观赏特性及园林用途：** 在霜雪寒天傲然开放，花黄似蜡，浓香扑鼻，是我国特产的传统名贵观赏花木，有着悠久的栽培历史和丰富的蜡梅文化，一般以孤植、对植、丛植、群植配置于园林与建筑物的入口处两侧和厅前、亭周、窗前屋后、墙隅及草坪、水畔、路旁等处，作为盆花桩景和瓶花亦具特色。传统上与南天竹搭配，冬天时红果、黄花、绿叶交相辉映，可谓色、香、形三者相得益彰，极具中国园林特色。

红叶木姜子

Litsea rubescens

樟科　木姜子属

别名：老母猪山胡椒，泡香树，山茴香

◎分布：云南除高海拔地区外，均有分布；四川、贵州、西藏、陕西南部、湖北、湖南也有。

◎生境和习性：常生于山地阔叶林中空隙处或林缘，海拔 1300 ～ 3100m。

◎观赏特性及园林用途：叶片光亮，秋叶红色，花黄色，适合庭院种植。

形态特征：落叶灌木或小乔木，高 2.5 ～ 6m；树皮黄绿色。小枝无毛，黄绿色，常带红色，干后为褐色。顶芽圆锥形，鳞片无毛或仅上部有稀疏短柔毛。叶互生，椭圆形或披针状椭圆形，长 4 ～ 9cm，宽 1.5 ～ 4cm，两端渐狭或先端圆钝，薄纸质，上面绿色，下面淡绿色，干后变为红色，幼时两面有疏柔毛，后渐脱落至无毛，羽状脉，侧脉每边 5 ～ 7 条，直展，在近叶缘处弧曲，与中脉在叶两面凸起。伞形花序 2 ～ 4 个，簇生于叶腋短枝上；每一伞形花序有雄花 10 ～ 12 朵，先叶开放或与叶同时开放。果椭圆形，长 4 ～ 6mm；果托浅盘状。花期 10 月至翌年 3 月，果期 5 ～ 8 月。

南天竹

Nandina domestica

小檗科　南天竹属

别名：天竹黄、珍珠盖凉伞、鸡爪黄连

形态特征：常绿灌木，高达 2m。叶为 2～3 回羽状复叶，基部通常有褐色抱茎的鞘；小叶革质，深绿色，冬季常变为红色，椭圆形或椭圆状披针形，长 2.5～7mm，先端渐尖，基部楔形，全缘，叶面平滑，背面叶脉隆起；近无柄。顶生圆锥花序长 20～30cm。花白色，直径达 6mm；萼片螺旋状排列，外轮较小，卵状三角形，内轮较大，卵圆形；雄蕊 6，离生，子房 1 室，胚珠 2～3 枚，侧膜胎座。浆果球形，鲜红色，偶有黄色，含 2～3 粒种子；种子扁圆形。花期 5～6 月，果期次年 2～3 月。

◎**分布：**云南昆明有栽培；主要分布于陕西、江苏、安徽、浙江、福建、江西、湖南、广西、贵州、四川等省区。

◎**生境和习性：**生于海拔 1000m 左右的山坡灌丛中或山谷旁。性喜温暖及湿润的环境，比较耐阴，也耐寒。容易养护。栽培土要求肥沃、排水良好的沙质壤土。

◎**观赏特性及园林用途：**茎干丛生，枝叶扶疏，秋冬叶色变红，更有累累红果，经久不落，实为赏叶观果佳品。因其有节、似竹而得名。是我国南方常见的木本花卉种类。因其形态优越清雅，也常被用以制作盆景或盆栽来装饰窗台、门厅、会场等。可为钙质土的指示植物。

川滇小檗

Berberis jamesiana

小檗科　小檗属

形态特征： 灌木，高1～2m；老枝黑灰色，幼枝暗红色；刺单生或三叉状，粗壮，长1.5～3.5mm，与枝同色，腹部具沟。叶近革质，椭圆形或长圆状倒卵形，长2.5～6mm，宽10～20mm，先端圆形或微缺，基部渐窄至叶柄，边缘常具细刺齿，偶有近全缘，叶面暗绿色，光亮，背面灰绿色，无乳突，侧脉与网脉两面显著；具柄。花序由20～40朵花组成总状花序；具总梗。花黄色；萼片2轮；花瓣窄长圆状椭圆形或倒卵形，长约4.5mm，宽约2mm，先端2裂，裂片急尖，基部具爪；具2枚胚珠。浆果初时为乳白色，后变为亮红色，球形，长约10mm，直径为7～8mm，顶端无宿存花柱，不被霜粉。花期4月，果期9月。

◎**分布：** 产云南昆明、嵩明、剑川、维西、丽江、中甸、贡山、德钦；四川西南至西北部、西藏东南部（察隅）亦有分布。

◎**生境和习性：** 生于海拔2400～3600m的山谷疏林边。

◎**观赏特性及园林用途：** 株形紧凑美观，叶片秀丽雅致，入秋果实为红色，是极好的观叶、观花、观果植物，亦是石山造景的好材料。

刺红珠

Berberis dictyophylla

小檗科　小檗属

别名： 网脉小檗

形态特征： 灌木，高 1 ～ 2.5m；老枝黑灰色，幼枝近圆形，暗紫红色，被白粉；刺单生或三叉状，长 1 ～ 1.5cm，与枝同色。叶近革质，窄倒卵形或长圆形，长 1.5 ～ 2.5cm，宽 6 ～ 8mm，先端圆形或钝尖，基部楔形，全缘，叶面暗绿色，背面被白粉，侧脉与网脉两面显著；具短柄。花单生；花柄长 6 ～ 10mm；萼片 2 轮，外萼片长约 6mm，宽约 2.5mm，内萼片长 8 ～ 9mm，二者均为条状长圆形；花瓣窄倒卵形，长约 8mm，宽 3（～ 6）mm，先端全缘或钝浅裂，基部具爪，在靠近基部具 2 枚腺体。浆果球形或卵圆形，长 9 ～ 14mm，直径 7 ～ 8mm，红色，被白粉，顶端具长约 5mm 的花柱。花期、果期 6 ～ 9 月。

◎**分布：** 产云南大理、宾川、漾濞、鹤庆、丽江、中甸、德钦；四川西南部、贵州、西藏东南部也有分布。

◎**生境和习性：** 生于海拔 2500 ～ 3600m 的山坡、山谷林下、林缘或灌木丛中。

◎**观赏特性及园林用途：** 株形紧凑美观，叶片秀丽雅致，入秋果实为红色，是极好的观叶、观花、观果植物，也是石山造景的好材料。

粉叶小檗

Berberis pruinosa

小檗科　小檗属

别名： 刺黄连，黄脚刺，刺黄树

形态特征： 灌木，高 1 ~ 2m；枝圆形，棕灰色或棕黄色，密被黑色小疣点；刺三叉状，粗壮，与枝同色，长 2 ~ 3.5cm，腹部具沟。叶硬革质，灰绿色，椭圆形，倒卵形或披针形，长 2 ~ 6cm，宽 1 ~ 2.5cm，先端钝尖或短渐尖，基部楔形，边缘微向背反卷，通常具 1 ~ 6 齿，偶有全缘，叶面光亮，中脉扁平，侧脉微突起，背面被白粉，中脉突起，侧脉不显；近无柄。花（8 ~ ）10 ~ 20 朵簇生；花柄长 10 ~ 20mm；萼片 2 轮；花瓣倒卵形；长约 7mm，宽 4 ~ 5mm，先端深锐裂，基部楔形，靠近边缘有 2 枚卵形腺体；雄蕊长 6mm。浆果椭圆形或近球形，长 6 ~ 7mm，直径 4 ~ 5mm，顶端无宿存花柱，被白粉，含 2 枚种子。花期 3 ~ 4 月，果期 6 ~ 8 月。

◎**分布：** 产云南昆明、安宁、彝良、元谋、剑川、丽江、中甸、德钦；广西北部、西藏东南部也有分布。

◎**生境和习性：** 生于海拔 1900 ~ 3600m 的河谷及石灰岩灌丛中。

◎**观赏特性及园林用途：** 春开黄花，秋结灰白色果，果实经冬不落，是花、果、叶俱佳的观赏花木。宜从植于草坪、池畔、岩石旁、墙隔、树下，可观果、观花、观叶，亦可栽作刺篱。可盆栽观赏，果枝可插瓶。

金花小檗

Berberis wilsonae

小檗科　小檗属

别名： 小叶小檗

形态特征： 半常绿灌木，高 0.5 ~ 2m；老枝棕灰色，幼枝暗红色，具棱角和散生黑色疣点；刺细弱，三叉状，长 1 ~ 2cm，与枝同色，腹部具沟。叶革质，倒卵形或倒卵状匙形，长 10 ~ 15mm，宽 2.5 ~ 6mm，先端圆形或钝尖，基部楔形，叶面暗绿色，背面灰色，被白粉，闭锁网脉两面显著；近无柄。花黄色，4 ~ 7 朵簇生；花柄长 4 ~ 7mm，被白粉；萼片 2 轮，外萼片卵形，长 3 ~ 4mm，宽 2 ~ 3mm，先端急尖，内萼片倒卵形，长 5.5mm，宽约 3.5mm；花瓣倒卵形，长约 4mm，宽约 2mm，先端 2 裂，裂片近急尖。浆果粉红色，球形，长约 6mm，顶端具明显的宿存花柱，外果皮质地柔软，微被白粉。花期 7 ~ 9 月，果期翌年 1 ~ 2 月。

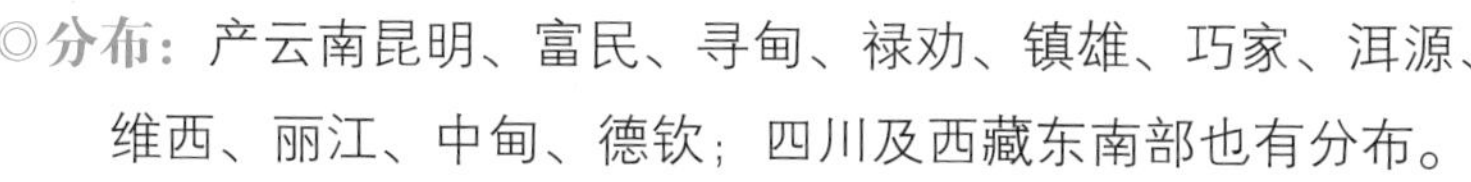

◎**分布：** 产云南昆明、富民、寻甸、禄劝、镇雄、巧家、洱源、维西、丽江、中甸、德钦；四川及西藏东南部也有分布。

◎**生境和习性：** 生于海拔 2200 ~ 4200m 的山坡、路边灌丛中。

◎**观赏特性及园林用途：** 株形美观，入秋叶、果均为红色，是极好的观叶、观果植物，亦是石山造景的好材料。

马　桑

Coriaria nepalensis

马桑科　马桑属

别名： 野马桑，水马桑，千年红

◎**分布：** 产云南各地；四川、贵州、广西、湖北、陕西、甘肃和西藏也有分布。

◎**生境和习性：** 生于海拔 400 ～ 3200m 的灌丛中。

◎**观赏特性及园林用途：** 叶片翠绿、花序紫红，均具有观赏性，可作为山地水土保持树种。

形态特征： 灌木，高 1.5 ～ 2.5m；分枝开展，小枝四棱形或具四狭翅，幼枝疏被微柔毛，后变无毛，紫色或紫褐色，散生圆形小皮孔。叶对生，纸质至薄革质，椭圆形、阔椭圆形或卵形，长 2.5 ～ 8cm，宽 1.5 ～ 4cm，先端急尖，基部圆形或浅心形，全缘，两面无毛或沿中脉疏生微柔毛，基出 3 脉，弧形伸展至顶端，表面微凹，背面突起。总状花序 1 ～ 3 条生于头年生枝叶腋；萼片卵形，先端具细齿；花瓣小，卵形；雄蕊 10；雌花序常与叶同出；苞片较大，长达 4mm，带紫色；萼片和花瓣与雄花同。果球形，为肉质增大的花瓣包围，成熟后红色至紫黑色。花期 2 ～ 3 月，果期 5 ～ 6 月。

檵　木

Loropetalum chinensis

金缕梅科　檵木属

别名：鸡柳毛，檵花

形态特征：灌木，有时为小乔木，多分枝，小枝有星毛。叶革质，卵形，长 2 ～ 5cm，宽 1.5 ～ 2.5cm，先端尖锐，基部钝，不等侧，上面略有粗毛或秃净，干后暗绿色，无光泽，下面被星毛，稍带灰白色，侧脉约 5 对，在上面明显，在下面突起，全缘。花 3 ～ 8 朵簇生，有短花梗，白色，比新叶先开放，或与嫩叶同时开放，花序柄长约 1cm，被毛；苞片线形，长 3mm；萼筒杯状，被星毛，萼齿卵形；花瓣 4 片，带状，长 1 ～ 2cm，先端圆或钝；雄蕊 4 个，花丝极短。蒴果卵圆形，长 7 ～ 8mm，宽 6 ～ 7mm，先端圆，被褐色星状绒毛，萼筒长为蒴果的 2/3。花期 3 ～ 4 月。

◎**分布：**仅见于云南丘北、广南、弥勒、易门、峨山等地，分布于我国山东东部及长江以南各省。

◎**生境和习性：**生于河谷边灌丛中，海拔达 1300m。喜光，稍耐阴。适应性强，耐旱。喜温暖，耐寒冷。萌芽力和发枝力强，耐修剪。耐瘠薄，但适宜在肥沃、湿润的微酸性土壤中生长。

◎**观赏特性及园林用途：**四季常绿，春季白花点点，常用作绿篱植物，也是制作树桩盆景的良好材料。

滇蜡瓣花

Corylopsis yunnanensis

金缕梅科　蜡瓣花属

◎**分布：**产云南大理、漾濞、永平、洱源、丽江、维西、贡山等地。

◎**生境和习性：**生于海拔 2400～2800（～3300）m 的沟谷混交林或灌丛中。

◎**观赏特性及园林用途：**观花、观叶。用于庭院绿化。

形态特征：灌木，高 1～3m；幼枝无毛或略被柔毛，带白粉；老枝暗褐色、深紫色或紫黑色，无毛，密生细小皮孔；芽长圆状椭圆形，无毛。叶坚纸质，倒卵形至倒卵状披针形，长 5～8cm，宽 3～6cm，先端圆形，三角形锐尖，基部心脏形，稀近平截，偏斜，表面暗绿色，无毛，背面带白粉，侧脉 6～8 对，表面下陷，背面隆起，边缘由脉尖伸出成内弯小齿、微波状；托叶大，干膜质，包住新叶和花枝。穗状花序密而下垂，直花 14～20 朵，具 1～2 叶片；花瓣匙形，瓣肢近圆形，突然缩成瓣爪，长 6mm，宽 5～6mm。果序长 3～3.5（～4.5）cm，有蒴果 14～20 枚；蒴果长 5～7mm。花期 4～5 月，果期 6～10 月。

对叶榕

Ficus hispida

桑科　榕属

形态特征：灌木或小乔木；枝被糙毛。叶通常对生，厚纸质，卵状长椭圆形或倒卵状长圆形，长10～25cm，宽（2.5）5～10cm，全缘或有钝锯齿，先端急尖或具短尖，基部圆形或楔形，叶面深绿色，粗糙，被短粗毛，背面被灰色粗毛，侧脉每边6～9条；叶柄长1～4cm，被短粗毛；托叶卵状披针形，在果枝上通常4枚交互对生。榕果腋生或生于落叶枝上，或生于老茎发出的下垂无叶枝上，陀螺形，成熟时黄色，直径1.5～2.5cm，表面散生苞片和糙毛。花果期6～7月，云南果期可长至10月。

◎**分布：**产云南盈江、莲山、瑞丽、泸水、龙陵、镇康、凤庆、临沧、西双版纳、峨山、元阳、绿春、建水、蒙自、河口、金平、马关、麻栗坡、西畴、富宁；广东、海南、广西、贵州也有分布。

◎**生境和习性：**生于海拔120～1600m的山谷潮湿地带。

◎**观赏特性及园林用途：**树叶茂密，四季常绿，可作绿篱。

长叶苎麻

Boehmeria penduliflora

荨麻科　苎麻属

别名： 水细麻，水麻，折听藤

◎**分布：** 产滇东北（巧家）、西北（兰坪、维西）、西（大理、弥勒、凤仪、凤庆、漾濞）、中（师宗）、中南（元江、景东）、南（勐养、易武）、西南（龙陵、腾冲）及东南（开远、绿春、屏边、西畴、麻栗坡、富宁）。

◎**生境和习性：** 生于海拔 650 ～ 2000m 的沟边、林缘、路旁、灌丛等处。

形态特征： 灌木，直立，有时枝条蔓生，高 1.5 ～ 4.5m；小枝多少密被短伏毛，近方形，有浅纵沟。叶对生；叶片厚纸质，披针形或条状披针形，长（8 ～）14 ～ 25（～ 29）cm，宽（1.4 ～）2.2 ～ 5.2cm，顶端长渐尖或尾状，基部钝、圆形或不明显心形，边缘自基部之上有多数小钝牙齿，上面脉网下陷，下面沿隆起的脉网有疏或密的短毛，侧脉 3 ～ 4 对。穗状花序通常雌雄异株，有时枝上部的雌性，单生叶腋，长 6 ～ 32cm，其下的为雄性，常 2 条生叶腋，长 4.5 ～ 8cm；雄团伞花序直径 1 ～ 2mm，有少数雄花，雌团伞花序直径 2.5 ～ 6mm，有极多数密集的雌花。雄花：花被片 4；雄蕊 4。瘦果本身椭圆球形或卵球形，长约 0.5mm，周围具翅。花期 7 ～ 10 月。

◎**观赏特性及园林用途：** 长而下垂的花序很具有独特观赏性，适合用于水边、岩石旁绿化。

水　　麻

Debregeasia orientalis

荨麻科　水麻属

别名：野麻，水麻柳

形态特征：灌木，高 1.5 ～ 4m；小枝有贴生或近贴生的短毛。叶片纸质，长圆状披针形或线状披针形，长 5 ～ 18cm，宽 1 ～ 2.5cm，先端渐尖，基部圆形或宽楔形，边缘有细锯齿或细牙齿，上面疏生短糙毛，常有不规则的泡状隆起，下面密被白色、灰白色或蓝灰色毡毛，侧生 1 对基出脉斜伸至叶片下部 1/3 或 1/2，侧脉 3 ～ 5 对，均在叶缘之内网结，细脉在下面明显可见。雌雄异株；花序生于去年生枝条和老枝叶腋，总梗短或无。雄花：花被片（3 ～）4（～ 5），长 1.5 ～ 2mm；雄蕊 4。雌花：花被壶形，长约 0.7mm。果序球形，直径 3 ～ 7mm；瘦果的果皮和宿存花被肉质，鲜时橙黄色。花期 3 ～ 4 月，果期 5 ～ 7 月。

◎**分布：**除滇西及西南外全省各地均产；贵州、四川、甘肃南部、陕西南部、湖北、湖南、广西和台湾也有。

◎**生境和习性：**生于海拔 600 ～ 3600m 的溪谷阴湿处。喜温暖湿润气候，较耐阴。

◎**观赏特性及园林用途：**叶柄和叶下面被一层厚的雪白色毡毛，树姿婆娑秀美，果实橙黄色，颇具观赏性；可孤植于庭院、园路边或作绿篱材料。

云南杨梅

Myrica nana

杨梅科　杨梅属

别名：小叶小檗

◎分布：产云南中部，向东达贵州西部。

◎生境和习性：生于海拔 1500 ～ 3500m 的山坡、林缘及灌木丛中。

◎观赏特性及园林用途：夏季红果累累，十分可爱，是庭院绿化结合生产的优良树种。

形态特征：常绿灌木，高 0.5 ～ 2m。小枝较粗壮，无毛或有稀疏柔毛。叶革质或薄革质，叶片长椭圆状倒卵形至短楔状倒卵形，长 2.5 ～ 8cm，宽 1 ～ 3cm，顶端急尖或钝圆，基部楔形，中部以上常有少数粗锯齿，成长后上面腺体脱落留下凹点，下面腺体常不脱落，叶脉在上面凹陷，下面凸起。雌雄异株。雄花序单生于叶腋，直立或向上倾斜，长 1 ～ 1.5cm；分枝极缩短而呈单一穗状，每分枝具 1 ～ 3 雄花。雌花序基部具极短而不显著的分枝，单生于叶腋。雌花具 2 小苞片。核果红色，球状，直径 1 ～ 1.5cm。2 ～ 3 月开花，6 ～ 7 月果实成熟。

滇　　榛

Corylus yunnanensis

桦木科　榛属

别名：榛子

形态特征：灌木或小乔木，高1～7m；树皮暗灰色；枝条暗灰色或灰褐色，无毛；小枝褐色，密被黄色柔毛和被或疏或密的刺状腺体。叶厚纸质，近圆形或宽倒卵形，长5～10cm，宽4～8cm，顶端骤尖或短尾状，基部心形，边缘具不规则的细锯齿，叶面疏被短柔毛，幼时具刺状腺体，背面密被绒毛，侧脉5～7对；叶柄粗壮，密被绒毛。雄花序为葇荑花序，2～3枚排列成总状，下垂；苞鳞三角形，背面密被短柔毛。果单生或2～3枚聚生成极短的穗状；果苞厚纸质钟状，通常与果等长或稍长于果，外面密被黄色绒毛和刺状腺体，上部浅裂，裂片三角形，边缘疏具数齿；坚果球形，长1.5～2cm，密被绒毛。花期2～3月，果期8～9月。

◎**分布：**产滇中、滇东北、滇西北和滇西地区，如昆明、嵩明、安宁、大姚、楚雄、武定、元谋、富民、路南、师宗、文山、禄劝、巧家、彝良、镇雄、丽江、寻甸、中甸、维西、洱源、鹤庆、漾濞、大理、永平、腾冲等地；四川西部和西南部、贵州西部也有分布。

◎**生境和习性：**生于海拔1700～3700m的山坡灌丛中。

◎**观赏特性及园林用途：**树冠整齐，叶片美丽，是营造防风林、水源涵养林的乡土树种。

黄牡丹

Paeonia delavayi var. *lutea*

芍药科　芍药属

别名： 小叶小檗

形态特征： 亚灌木，全体无毛。茎高 1.5m；当年生小枝草质，小枝基部具数枚鳞片。叶为二回三出复叶；叶片轮廓为宽卵形或卵形，长 15 ～ 20cm，羽状分裂，裂片披针形至长圆状披针形，宽 0.7 ～ 2cm；叶柄长 4 ～ 8.5cm。花 2 ～ 5 朵，生枝顶和叶腋，直径 6 ～ 8cm；苞片 3 ～ 4（～ 6），披针形，大小不等；萼片 3 ～ 4，宽卵形，大小不等；花瓣 9，黄色，有时边缘红色或基部有紫色斑块。倒卵形，长 3 ～ 4cm，宽 1.5 ～ 2.5cm；心皮 2 ～ 5，无毛。蓇葖长 3 ～ 3.5cm，直径 1.2 ～ 2cm。花期 5 月；果期 7 ～ 8 月。

◎**分布：** 分布于云南、四川西南部及西藏东南部，西南地区特有植物。

◎**生境和习性：** 生于海拔 2500 ～ 3500m 的山地林缘。

◎**观赏特性及园林用途：** 花黄色，是培育牡丹、芍药等新品种的重要种质资源，在园艺育种上有科学价值。常植于庭院中与山石相配；也常盆栽观赏，或植于疏林草地，作专类园供人欣赏。

怒江山茶

Camellia saluenensis

山茶科　山茶属

别名： 怒江红山茶，威宁短柱茶，秃苞红山茶

形态特征： 多分枝小灌木，高 1 ～ 4m；幼枝疏生短柔毛或近无毛，一年生枝淡棕色，老枝灰褐色。叶片常密集排列于小枝上部，硬革质，长圆形，长 2.5 ～ 5.5cm，宽 1 ～ 2.2cm，先端急尖或钝，基部楔形至近圆形，边缘具细锯齿，叶面深绿色，有光泽，无毛或近无毛，背面淡绿色，沿中脉被长柔毛，中脉两面突起，侧脉在表面微凹，背面突起。花单生或成对生于小枝近顶端，红色，直径 4 ～ 5cm；无花梗；小苞片和萼片约 10 枚；花瓣 5 ～ 6，倒卵形或倒卵状椭圆形，长 3 ～ 4cm，先端凹入，基部连合；雄蕊多数，外轮花丝 2/3 合生。蒴果球形，3 室，每室有种子 1 ～ 2 颗；种子球形或半球形。花期 2 ～ 3 月，果期 9 ～ 10 月。

◎**分布：** 产云南彝良、镇雄、昭通、会泽、东川、禄劝、富源、嵩明、富民、昆明、玉溪、峨山、通海、双柏、禄丰、武定、大姚、祥云、宾川、大理、巍山、剑川、丽江、腾冲；四川西南部和贵州西北部也有。

◎**生境和习性：** 生于海拔 1900 ～ 2800m 的干燥山坡云南松林或混交林下，或山顶灌丛中。

◎**观赏特性及园林用途：** 花大而美丽，观赏期长，叶色鲜绿而有光泽，四季常青，宜在园林中作为点景用。是山茶育种的优良母本资源。

西南金丝梅

Hypericum henryi

藤黄科　金丝桃属

别名：芒种花，西南金丝桃

形态特征：灌木，高 0.5 ～ 3m，丛状，有直立至拱形或叉开的茎。茎淡红至淡黄色，多少具 4 纵线棱及两侧压扁，最后具 2 纵线棱或圆柱形；皮层红褐色。叶片卵状披针形或稀为椭圆形至宽卵形，长 1.5 ～ 3cm，宽 0.6 ～ 1.7cm，先端锐尖或稀具小尖突至圆形，基部楔形至圆形，边缘平坦，坚纸质，上面绿色，下面很苍白色，主侧脉 2 ～ 3 对。花序具 1 ～ 7 花，自茎顶端第 1 ～ 2 节生出，近伞房状。花直径 2 ～ 3.5cm；花蕾卵珠形至近圆球形，先端钝形至圆形。花瓣金黄色或暗黄色，有时有红晕，多少开张或内弯，宽卵形，边缘全缘。雄蕊 5 束，长约为花瓣的 1/2，花药深黄色。蒴果宽卵珠形。花期 5 ～ 7 月，果期 8 ～ 10 月。

◎**分布：**产云南昆明、禄丰（罗次）、禄劝、大理等地；生于海拔 1300 ～ 2400m 的山坡山谷的疏林下或灌丛中，贵州也有分布。

◎**生境和习性：**生于海拔 1300 ～ 2400m 的山坡山谷的疏林下成灌丛中。

◎**观赏特性及园林用途：**花朵硕大，花形美观，花色不但金黄醒目，而且其呈束状纤细的雄蕊花丝也灿若金丝，惹人喜爱，观赏期长，是优良的野生观赏灌木。可植于林荫树下，或者庭院角隅等处。

木　槿

Hibiscus syriacus

锦葵科　木槿属

别名：朝开暮落花

形态特征：落叶灌木，高2～4m，小枝密被星状绒毛。叶菱状卵圆形，长3～7cm，宽2～4cm，常3裂，先端钝，基部楔形，边缘具不整齐齿缺，下面沿叶脉微有毛或几无毛；叶柄长5～25mm，上面被星状柔毛；托叶线形，长约6mm，疏被柔毛。花单生于枝端叶腋间，花梗长4～14mm，被星状短绒毛；小苞片6～7，线形；萼钟形，密被星状短绒毛，裂片5；花冠钟形，淡紫色，直径5～6cm，花瓣倒卵形，长3.5～4.5cm，外产面疏被纤毛和星状长柔毛；雄蕊柱长3cm；花柱枝平滑无毛。蒴果卵圆形，直径12mm，密被金黄色星状绒毛。花期7～10月。

◎**分布：**云南昆明、红河、玉溪、东川、丽江、怒江等地区栽培；分布于我国台湾、福建、广东、广西、贵州、四川、湖南、湖北、江西、安徽、浙江、江苏、山东、陕西、河南等地区。

◎**生境和习性：**盛夏季节开花，开花时满树花朵。用于公共场所的花篱、绿篱及庭院布置。墙边、水滨种植也很适宜。

水柏枝

Myricaria paniculata

柽柳科　水柏枝属

别名： 三春柳，沙柳，河柏，水柽柳

◎**分布：** 产云南文山、洱源、剑川、维西、丽江、中甸、德钦、贡山。

◎**生境和习性：** 生于海拔 2000 ～ 4000m 的山脚沟边、乱石中。

◎**观赏特性及园林用途：** 枝叶纤细秀美，婀娜可爱，花色美丽，常与假山、岩石搭配，也可植于水池、水畔边。

形态特征： 灌木，高 1 ～ 3m；老枝红棕色或灰褐色，具条纹。叶小，长圆形或长圆状椭圆形，长 1 ～ 4mm，宽 0.5 ～ 1mm，先端急尖或钝。花序单生，多生于小枝顶端，偶有多枚集成圆锥花序而成侧生，长 4 ～ 12cm，苞片阔卵形或倒卵状长圆形，先端突缩成三角状渐尖至尾状渐尖，长 4 ～ 5mm；萼片 5，披针状长圆形，长约 4mm，略短于花瓣，具膜质边缘；花瓣 5，粉红色，长圆状椭圆形，长约 5mm；花丝从基部往上 1/3 ～ 1/2 处合生；子房圆锥状，长 3 ～ 4mm，柱头头状。蒴果长约 8mm；种子披针状长圆形，长约 1.2mm，顶端芒柱上部被毛，下部光滑。花果期 6 ～ 10 月。

野香橼花

Capparis bodinieri

白花菜科　山柑属

别名：小毛毛花，猫胡子花

形态特征：常绿灌木或小乔木，高 5～10m；新生枝密被淡褐色或灰色极细不规则星状毛；刺长达 5mm，强壮，外弯。叶柄粗壮；叶卵形或披针形，幼时膜质被毛，长成时革质无毛，长 4～13cm，宽 2～4.5cm，基部圆形或急尖，顶端短渐尖或渐尖，中脉宽阔，表面微凸至微凹，背面凸起，侧脉 7～8 对。花蕾球形，直径 5～6mm；花 2～6 朵排成一列，腋上生；花梗自下至上长 5～12mm；萼片 4，偶见 5，长 5～7mm，边缘特别是顶部被绒毛；花瓣白色，长 10～11mm，被绒毛，上面 2 个狭倒卵形；雄蕊 20～37。果球形，直径 7～12mm，成熟时黑色；种子 1 至数个，直径 5～6mm。花期 3～4 月，果期 8～10 月。

◎分布：产云南大部分地区，但海拔 2500m 以上未见；四川西南部（会理）、贵州东部也有分布。

◎生境和习性：生于灌丛或次生森林中，石灰岩山坡道旁或平地尤其常见。

◎观赏特性及园林用途：叶常绿，花奇特美丽，适合庭院观赏。

大白花杜鹃

Rhododendron decorum

杜鹃花科　杜鹃花属

别名：大白杜鹃

◎分布：产云南中部、西部至西北部、东南部；四川西南部、贵州西部和西藏东南部也有。

◎生境和习性：生于海拔（1000～）1800～3600（～3900）m的松林、杂木林或灌丛中。

◎观赏特性及园林用途：花朵繁茂，花冠淡红色或白色，有芳香，叶片光亮秀美，可盆栽或用于庭院绿化。

形态特征：灌木至小乔木，高1～8m；幼枝绿色，多少被白粉，粗5～8mm。叶革质，长圆形或长圆状倒卵形，长5～15cm，宽3～5cm，先端钝或圆形，具凸尖头，基部楔形或钝，有时圆形或近心形，叶面无毛，具光泽，中脉凹陷，侧脉12～16对，叶背粉绿色，无毛，具细小红点或不显，中脉隆起，侧脉清晰；叶柄上面具槽。花序伞房状，有花8～10朵；总轴和花梗疏生腺体；花萼小，杯状；花冠漏斗状钟形，长3～5cm，白色或边缘带淡蔷薇色，里面基部被微柔毛，筒部上方有淡绿色或粉红色点子，外面有时具腺体，裂片6～8。蒴果长圆柱形，长达4cm，粗约1.5cm，具腺体。花期4～7月，果期10～11月。

富源杜鹃

Rhododendron fuyuanense

杜鹃花科　杜鹃花属

形态特征： 灌木，高 0.5 ~ 2.5m。幼枝有稀疏黑色腺鳞。叶常绿，散生或聚生枝顶，叶片椭圆形或狭椭圆形，长 1.2 ~ 3.5cm，宽 0.6 ~ 1.2cm，顶端渐尖，稀近圆钝，具小尖头，基部楔形渐狭，边缘明显反卷，具缘毛，上面疏生黑色小鳞片，下面灰绿色，密被褐色鳞片，中脉在上面明显下陷，在下面隆起，侧脉 5 ~ 8 对，在下面明显。花序腋生枝顶或上部叶腋，每花序有花 3 ~ 5 朵；花萼 5 裂，裂片圆形；花冠漏斗状，长 1 ~ 1.5cm，紫红色，5 裂至花冠中部，裂片圆形，开展，外面被鳞片；雄蕊 10，伸出花冠外。花期 3 月。

◎**分布：** 产云南东部。

◎**生境和习性：** 生于海拔 2000m 的灌丛或疏林下。

◎**观赏特性及园林用途：** 花朵小而繁密，花冠红艳，株型紧凑，适合营造花海景观，也可盆栽或用于庭院绿化。

腋花杜鹃

Rhododendron racemosum

杜鹃花科　杜鹃花属

形态特征： 常绿灌木，高 0.15 ～ 2m，分枝多；幼枝被黑褐色腺鳞。叶片长圆形或长圆状椭圆形，长 1.5 ～ 4cm，宽 0.8 ～ 1.8cm，顶端钝圆或锐尖，具明显的小短尖头或不明显具有，基部钝圆或楔形渐狭，边缘反卷，上面密生黑色或淡褐色小鳞片，下面通常灰白色，密被褐色鳞片。花序腋生于枝条顶部或上部叶腋；每一花序有 2 ～ 3 朵花，花梗纤细，密被鳞片；花冠小，宽漏斗状，粉红色或粉红带淡紫色，长 0.9 ～ 1.4cm，近于花冠中部或中部以下分裂，裂片开展，外面疏生鳞片或近于无鳞片；雄蕊 10 枚，伸出花冠外，花柱长过于雄蕊。蒴果长圆形，长 0.5 ～ 1cm。花期 3 ～ 5 月。

◎**分布：** 产云南中甸、丽江、维西、鹤庆、漾濞、洱源、大理、剑川、云龙、永平、禄劝、富民、沾益、会泽、宣威、镇雄、彝良、巧家等地；四川西南、贵州西北也有。

◎**生境和习性：** 生于云南松林、松 - 栎林下、灌丛草地或冷杉林缘，常为这些植物群落的优势种，海拔 1500 ～ 3500（～ 3800）m。

◎**观赏特性及园林用途：** 花朵小而繁密，花冠红艳，株型紧凑，适合营造花海景观，也可盆栽或用于庭院绿化。

红棕杜鹃

Rhododendron rubiginosum

杜鹃花科　杜鹃花属

别名：茶花叶杜鹃

形态特征：常绿灌木，高 1 ～ 3m，或成小乔木，高可达 10m。幼枝粗壮，褐色，有鳞片。叶常绿，通常向下倾斜，叶片椭圆形、椭圆状披针形或长圆状卵形，长 3.5 ～ 8cm，宽 1.3 ～ 3.5cm，顶端通常渐尖，有时锐尖，基部楔形、宽楔形以至钝圆，上面密被鳞片，以后渐疏，下面密被锈红色鳞片。花序顶生，总状花序轴缩短成伞形，有花 5 ～ 7 朵；花梗长 1 ～ 2.5cm，密被鳞片；花萼短小，边缘状或浅 5 圆裂，密覆鳞片；花冠宽漏斗状，淡紫色、紫红色、玫瑰红色、淡红色，少有白色带淡紫色晕，内有红色或紫红色斑点，长 2.5 ～ 3.5cm，外面被疏散的鳞片；雄蕊 10 枚，不等长，略伸出。蒴果长圆形，长达 1.8cm。花期（3 ～）4 ～ 6 月，果期 7 ～ 8 月。

◎**分布：**产云南西北部、西部至东北部；四川西南部也有。

◎**生境和习性：**生于海拔 2800 ～ 3500m 的云杉、冷杉、落叶松林林缘或林间间隙地，或黄栎、杉、针 - 阔叶混交林内，在滇西北通常大面积生长，成为植物群落中的优势种。

◎**观赏特性及园林用途：**花繁密而红艳，株型紧凑，适合营造花海景观，也可盆栽或用于庭院绿化。

黄杯杜鹃

Rhododendron wardii

杜鹃花科　杜鹃花属

◎**分布：**产云南丽江、中甸、维西、德钦；四川西南部和西藏东南部也有。

◎**生境和习性：**生于海拔 3000 ～ 4450m 的云杉或冷杉林下或高山杜鹃灌丛中。

◎**观赏特性及园林用途：**花朵黄色，可作为杜鹃育种的重要亲本，具有很高的开发价值。

形态特征：灌木或小乔木，高 0.9 ～ 6m；幼枝绿色，有腺体或无，粗 3 ～ 5mm。叶革质，阔卵形、卵状椭圆形或长圆形，长 4 ～ 10cm，宽 2.5 ～ 6cm，先端圆形或钝，具凸尖头，基部通常心形，少有截形或心形，叶面暗绿色，无毛，中脉凹陷，侧脉 10 ～ 14 对，微凹，叶背无毛，淡绿色或被白粉，多少具细小红点，中脉突起，侧脉和网脉清晰。花序总状伞形，有花 5 ～ 14 朵；花萼大，5 深裂，黄色或黄绿色；花冠杯状，多少肉质，长 3.5 ～ 4cm，鲜黄色或黄绿色，裂片 5，先端凹入；雄蕊 10，不等长。果粗壮，圆柱形，花萼宿存。花期 5 ～ 6 月，果期 10 ～ 11 月。

亮毛杜鹃

Rhododendron microphyton

杜鹃花科　杜鹃花属

形态特征： 常绿直立灌木，高 1～2m，稀达 3～5m；分枝繁多，小枝密被红棕色扁平糙伏毛。叶革质，椭圆形或卵状披针形，长 0.5～3.2cm，宽达 1.3cm，先端尖锐，具短尖头，基部楔形或略钝，边缘具细圆齿，向上被褐色扁平糙伏毛，上面深绿色，下面淡绿色，两面散生红褐色糙伏毛。伞形花序顶生，有花 3～7 朵，稀具 1～2 个侧生花序；花萼小，5 浅裂；花冠漏斗形，蔷薇色或近于白色，长至 2cm，花冠管狭圆筒形，长 8～10mm，裂片 5，开展，长圆形，顶端圆形，上方 3 裂片具红色或紫色斑点；雄蕊 5，伸于花冠外。蒴果卵球形，密被亮红棕色糙伏毛。花期 3～6 月，果期 7～12 月。

◎**分布：** 产广西西北部、四川西南部、贵州西部及西南部、云南西北部和西部及东南部。

◎**生境和习性：** 生于海拔 1300～3200m 的山脊或灌丛中，通常在海拔 2000m 尤为普遍。

◎**观赏特性及园林用途：** 花朵小而繁密，花冠红艳，可盆栽或用于庭院绿化。

泡泡叶杜鹃

Rhododendron edgeworthii

杜鹃花科　杜鹃花属

形态特征： 常绿灌木，通常附生，高 0.3 ～ 3.6m，通常高 1m 左右。分枝极叉开，小枝密被黄褐色绵毛。叶革质，卵状椭圆形、长圆形或长圆状披针形，长 4 ～ 12cm，宽 2 ～ 5cm，顶端锐尖或短渐尖，基部圆形，上面由于侧脉和网脉的强烈下陷而呈泡状隆起，幼时散生黄褐色小鳞片及少数卷曲柔毛，而后光滑，下面密被松软的黄褐色厚绵毛，鳞片为毛被覆盖，小、淡黄褐色，脉纹突起，或为毛被所遮蔽。顶生花序有 1 ～ 3 朵花，花梗密被绵毛，花乳白色带粉红，芳香；花萼大，带红色，深 5 裂；花冠短钟状，5 裂，长 4 ～ 6cm，外面有鳞片；雄蕊 10，不等长，不超出花冠。蒴果长圆状卵形或近球形，密被绵毛。

◎**分布：** 产云南贡山、德钦、维西、中甸、丽江、鹤庆、凤庆、漾濞、大理、洱源、宾川、景东、腾冲、云龙、碧江、福贡等地；西藏东南部也有。分布于锡金、不丹、印度东北、缅甸东北部。

◎**生境和习性：** 生于海拔 2400 ～ 3300m 的针 - 阔叶混交林内陡峭的岩石坡上或附生于铁杉、栎树等大树上。

◎**观赏特性及园林用途：** 叶片质地奇特，颇具观赏性；花艳丽而芳香。适合作盆栽和庭院观赏。

映山红

Rhododendron simsii

杜鹃花科　杜鹃花属

别名：杜鹃花，照山红，山踯躅

形态特征：落叶灌木，高 2m；分枝多而纤细，密被亮棕褐色扁平糙伏毛。叶革质，常集生枝端，卵形、椭圆状卵形或倒卵形或倒卵形至倒披针形，长 1.5 ～ 5cm，宽 0.5 ～ 3cm，先端短渐尖，基部楔形或宽楔形，边缘微反卷，具细齿，上面深绿色，疏被糙伏毛，下面淡白色，密被褐色糙伏毛，中脉在上面凹陷，下面凸出。花 2 ～ 3 朵簇生枝顶；花萼 5 深裂，裂片三角状长卵形，长 5mm，被糙伏毛，边缘具睫毛；花冠阔漏斗形，玫瑰色、鲜红色或暗红色，长 3.5 ～ 4cm，宽 1.5 ～ 2cm，裂片 5，倒卵形，上部裂片具深红色斑点；雄蕊 10，长约与花冠相等；花萼宿存。花期 4 ～ 5 月，果期 6 ～ 8 月。

◎分布：产云南腾冲、大理、景东、勐海、建水、文山、砚山、麻栗坡、富宁、广南、禄劝、沾益、宣威、镇雄、大关、彝良等地，在昆明等城市的园圃中常见栽培；亦广布于台湾、福建、江西、江苏、浙江、广东、广西、湖南、湖北、四川、贵州等，长江下游丘陵地灌丛或林下尤为常见，长江以北见于陕西、河南（秦岭以南），各地已育有许多花色、花型各异的品种。

◎生境和习性：生于海拔（700 ～）1000 ～ 2600m 的山坡灌木丛、混交林或次生林内，喜半荫，温暖湿润气候和酸性土壤，不耐寒。

◎观赏特性及园林用途：先花后叶或花叶同放，远远望去如同一片红霞，观赏特性类似锦绣杜鹃。可种植于水际、登山道、各种假山小品旁边，较大植株还能在小空间内形成主景。或与其他种类杜鹃较大面积混交形成花海景观。

云南杜鹃

Rhododendron yunnanense

杜鹃花科　杜鹃花属

形态特征：落叶、半落叶或常绿灌木，偶成小乔木，高1～2（～4）m。幼枝疏生鳞片，无毛或有微柔毛，老枝光滑。叶通常向下倾斜着生，叶片长圆形、披针形，长圆状披针形或倒卵形，长2.5～7cm，宽0.8～3cm，先端渐尖或锐尖，有短尖头，基部渐狭成楔形，下面绿或灰绿色，网脉纤细而清晰，疏生鳞片。花序顶生或同时枝顶腋生，3～6花，伞形着生或成短总状；花萼环状或5裂；花冠宽漏斗状，略呈两侧对称，长1.8～3.5cm，白色、淡红色或淡紫色，内面有红、褐红、黄或黄绿色斑点，外面无鳞片或疏生鳞片；雄蕊不等长，长雄蕊伸出花冠外。花期4～6月。

◎**分布：**产陕西南部、四川西部、贵州西部、云南（西、西北、北、东北部）、西藏东南部。缅甸东北部也有。

◎**生境和习性：**生于海拔（1600～）2200～3600（～4000）m的山坡杂木林、灌丛、松林、松-栎林、云杉或冷杉林缘。

◎**观赏特性及园林用途：**花繁密而艳丽，植株整体和群体观赏效果极佳，适合庭院观赏、盆栽或营造花海景观。

云上杜鹃

Rhododendron pachypodum

杜鹃花科　杜鹃花属

别名：粗柄杜鹃，白豆花，波瓣杜鹃

形态特征：灌木，偶见附生，高 1 ～ 4m，稀为小乔木，高 3 ～ 5m。幼枝密被褐色鳞片，无毛。叶椭圆形、长椭圆状披针形、倒卵形，革质，长 6 ～ 11cm，宽 2 ～ 5cm，顶端渐尖或骤尖，基部渐狭，有时幼叶边缘疏生长睫毛，下面带灰白色，密被褐色或红褐色大小不等的鳞片，中脉在上面下陷，在下面凸起，侧脉纤细。花序顶生，2 ～ 4 花伞形着生，通常 3 花；花梗长 0.5 ～ 1cm，密被鳞片；花萼不发育；花冠宽漏斗状，长 5 ～ 7cm，白色，外面带淡红色晕，内面有一淡黄色斑块，外面密被鳞片，筒部外面通常被灰白色微柔毛；雄蕊 10，不等长。蒴果卵形或长圆状卵形，长 1.5 ～ 2.5cm。花期 4 ～ 5 月，滇东南花期在 3 月。

◎**分布：**产云南腾冲、保山、大理、漾濞、云龙、巍山、弥渡、凤庆、景东、双江、临沧、楚雄、双柏、新平、元江、思茅、富民、昆明、江川、蒙自、金平、屏边、砚山、文山、西畴、麻栗坡、广南等地。

◎**生境和习性：**生于海拔 1200 ～ 2800（～ 3100）m 的干燥山坡灌丛或山坡杂木林下、石山阳处。

◎**观赏特性及园林用途：**花朵繁茂，花冠淡红色或白色，可盆栽或用于庭院绿化。

密枝杜鹃

Rhododendron fastigiatum

杜鹃花科　杜鹃花属

◎**分布：**产青海、四川、云南西北部及中部。

◎**生境和习性：**生于海拔 3000 ~ 4500m 的岩坡、峭壁、高山砾石草地、石山灌丛、杜鹃灌丛或偶见于松林下。

◎**观赏特性及园林用途：**枝叶稠密，花色鲜艳而繁密，可开发为地被植物。

形态特征：常绿灌木，高 0.8 ~ 1m，分枝稠密，常成垫状或平卧。幼枝短，带红褐色，被暗褐色鳞片。叶集生于小枝顶端，革质，长圆形、椭圆形或卵形，长 7 ~ 14mm，宽 3 ~ 6mm，顶端圆或钝，有短突尖，基部钝或楔形，边缘稍反卷，上面暗绿色，被不邻接的鳞片，鳞片常为琥珀色，光亮晶莹，下面灰绿色，被同一式鳞片，鳞片无光泽，灰白色或黄棕色。花序顶生，伞形总状，有花 3 ~ 4 朵；花冠宽漏斗状，长 1 ~ 1.5cm 或更长，紫蓝色或鲜淡紫红色，外面常有少数鳞片，花管长约为裂片的 1/2，内面喉部被密毛；雄蕊 10，较花冠稍短或近等长，花柱细长，超出雄蕊。蒴果卵圆形，被鳞片。花期 5 ~ 6 月，果期 8 ~ 9 月。

棕背杜鹃

Rhododendron alutaceum

杜鹃花科　杜鹃花属

别名：白豆花，波瓣杜鹃

形态特征：灌木，高 3.6 ～ 4.2m；幼枝密被淡棕色绵毛。叶革质，长圆形至披针形，长 8 ～ 14cm，宽 2 ～ 4cm，先端急尖，边缘外弯或多少反卷，基部圆形或近心形，幼叶表面疏生白色丛卷毛和腺体，后变无毛，无光泽，微皱，中脉凹陷，侧脉约 15 对，微凹，叶背被淡棕色厚绵毛，下层毛被薄，灰白色，中脉突起，被毛。花序总状伞形，有花 10 ～ 20 朵；花萼小，波状 5 裂；花冠漏斗状钟形，长 3 ～ 4cm，白色至粉红色，里面基部具紫红色斑，筒部上方具深红色点子，裂片 5，长约 1.5cm，宽约 2cm，先端凹入；雄蕊 10，不等长。蒴果 1.5 ～ 2cm，具腺体。花期 6 ～ 7 月，果期 10 月。

◎**分布：**产丽江、维西、中甸、德钦；四川西南部也有。

◎**生境和习性：**生于海拔 3300 ～ 4200m 的针叶林下或高山石坡杜鹃灌丛中。

◎**观赏特性及园林用途：**花序硕大，颜色鲜艳美丽，具有较高的开发价值。

爆杖花

Rhododendron spinuliferum

杜鹃花科　杜鹃花属

别名： 密通花

形态特征： 灌木，高 0.5 ～ 1m。幼枝被灰色短柔毛，老枝褐红色。叶坚纸质，散生，叶片倒卵形、椭圆形、椭圆状披针形或披针形，长 3 ～ 10.5cm，宽 1.3 ～ 3.8cm，顶端通常渐尖，稀锐尖，具短尖头，基部楔形，上面黄绿色，有柔毛，中脉、侧脉及网脉在上面凹陷致呈皱纹，下面色较淡，密被灰白色柔毛和鳞片。花序腋生枝顶成假顶生；花芽鳞外面、边缘密被白色柔毛；花序伞形，有 2 ～ 4 花；花萼浅杯状，无裂片；花冠筒状，两端略狭缩，长 1.5 ～ 2.5cm，朱红色、鲜红色或橙红色，上部 5 裂，裂片卵形，直立，花冠外面洁净，稀于裂片中部至筒部条状被短柔毛；雄蕊 10，不等长，略伸出花冠之外。蒴果长圆形。花期 2 ～ 6 月。

◎**分布：** 产云南腾冲、大理、景东、双柏、路南、易门、禄丰、富民、通海、昆明、武定、禄劝、寻甸、巧家（荞麦地）、盐津、玉溪、建水等地，四川西南部也有。

◎**生境和习性：** 生于山谷灌木林、松林或次生松 - 栎林、油杉林下，海拔 1900 ～ 2500m 的中山。

◎**观赏特性及园林用途：** 花红艳别致，花期早，春节即开花，是杜鹃育种的重要亲本。

碎米花

Rhododendron spiciferum

杜鹃花科　杜鹃花属

别名： 毛叶杜鹃，上坟花

形态特征： 小灌木，高0.2～0.6m，多分枝，枝条细瘦。幼枝密被灰白色短柔毛和伸展的长硬毛，以后渐脱落。叶散生于枝上，叶片坚纸质，狭长圆形或长圆状披针形，长1.2～4cm，宽0.4～1.2cm，顶端钝圆或锐尖，有短尖头，基部楔形或略钝，边缘反卷，上面深绿色，密被短柔毛和长硬毛，下面黄绿色，密被灰白色短柔毛，沿脉密被黄色腺鳞，中脉在叶面下陷，在背面隆起。花芽生枝顶叶腋；花序短总状，有花3～4朵；花梗长4～7mm，密被短柔毛和鳞片；花萼5裂；花冠漏斗状，长1.3～1.6cm，粉红色，于中部以上5裂，花冠管长于裂片；雄蕊10，不等长。花期2～5月。

◎**分布：** 产云南大理、双柏、玉溪、江川、昆明、寻甸、师宗、广南、砚山等地；贵州也有分布。

◎**生境和习性：** 生于海拔800～2100（～2880）m的山坡灌丛中、松林下或杂木林下。

◎**观赏特性及园林用途：** 花朵小而繁密，花冠红艳，株型紧凑，适合营造花海景观，也可盆栽或用于庭院绿化。

吊钟花

Enkianthus quinqueflorus

杜鹃花科　吊钟花属

别名： 铃儿花

◎**分布：** 产云南石屏、文山、富宁、河口、屏边。

◎**生境和习性：** 生于海拔 600 ～ 2400m 的丘林地灌丛中。

◎**观赏特性及园林用途：** 花多而密集，花型别致，犹如一个个小吊钟，十分美丽可爱，适宜庭院栽培观赏。

形态特征： 落叶或半常绿灌木，高 1 ～ 3（～ 4）m；树皮灰黄色，多分枝，全体无毛。叶常聚生枝顶，互生、革质，两面无毛，长圆形或倒卵状长圆形，长（3 ～）5 ～ 10cm，宽（1 ～）2 ～ 4cm，先端渐尖且具钝头或小凸尖，从中部向基部渐狭而成短柄，边缘反卷，全缘或稀向顶端有疏细齿，中脉在两面清晰，侧脉 6 ～ 7 对；叶柄圆柱形。花通常 5 ～ 8 朵组成伞形花序，花序顶生，着生于覆瓦状排列的红色苞片内；花梗长 1.5 ～ 2cm，下弯；萼片三角状披针形；花冠宽钟状，长约 1.2cm，通常粉红色或红色，5 裂，裂片钝，外弯，常白色；雄蕊 10 枚，短于花冠。蒴果椭圆形，具 5 棱。花期 3 ～ 5 月，果期 5 月开始。

地檀香

Gaultheria forrestii

杜鹃花科　白珠属

别名： 老鸦果，香叶子，岩子果

形态特征： 常绿灌木或小乔木，高 4m，稀达 6m，树皮灰黑色，有香味，枝粗糙；叶片薄革质，芳香，长圆形，狭卵形至披针状椭圆形，长 4 ~ 7.5cm，宽 2 ~ 4cm，先端锐尖，基部楔形，两面无毛，叶面亮绿色，背面色淡，微苍白，且密被锈色腺点，边缘具疏锯齿，主脉在上面微下陷，侧脉约 5 对，弧形上举，在背面隆起。总状花序腋生，多而密，细长；小苞片 2，对生，位于花萼下；花白色，长 4.5mm；萼片 5，三角状卵形，边缘具缘毛；花冠坛形，长 4.5mm，两面无毛，5 浅裂，裂片开展；雄蕊 10。花期 4 ~ 7 月，果期 8 ~ 11 月。

◎**分布：** 产云南各地；四川（米易、会东）也有。

◎**生境和习性：** 生于海拔（600 ~）1500 ~ 3000（~ 3640）m 的林中或灌丛中。

◎**观赏特性及园林用途：** 花冠白色，春季小花如朵朵灯笼悬挂枝头，浆果熟时紫黑色，均十分秀美可爱。可作为庭院观赏植物开发。

珍珠花

Lyonia ovalifolia

杜鹃花科　珍珠花属

别名：乌饭草，南烛，米饭花

形态特征：常绿或落叶灌木或小乔木，高 8 ～ 16m，枝淡灰褐色。叶革质，卵形或椭圆形，长 8 ～ 10cm，宽 4 ～ 5.8cm，先端渐尖，基部钝圆或心形，表面深绿色，无毛，背面淡绿色，近于无毛，中脉在表面下陷，在背面凸起，侧脉羽状，在表面明显。总状花序长 5 ～ 10cm，着生叶腋，近基部有 2 ～ 3 枚叶状苞片；花梗长约 6mm；花萼深 5 裂；花冠圆筒状，长约 8mm，直径约 4.5mm，外面疏被柔毛，上部浅 5 裂，裂片向外反折，先端钝圆；雄蕊 10 枚。蒴果球形，直径 4 ～ 5mm，缝线增厚；种子短线形，无翅。花期 5 ～ 6 月，果期 7 ～ 9 月。

◎**分布：**广布于云南各地，也分布于台湾（台北）、广西、四川、贵州、西藏。

◎**生境和习性：**生于海拔 700 ～ 2800m 的山坡疏林灌丛中。

◎**观赏特性及园林用途：**花冠白色，春夏季小花如朵朵灯笼悬挂枝头，十分秀美可爱。可作为庭院观赏植物开发。

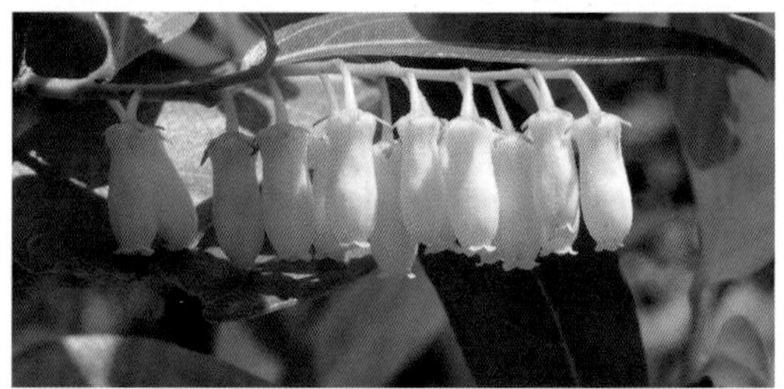

美丽马醉木

Pieris formosa

杜鹃花科　马醉木属

别名：兴山马醉木，长苞美丽马醉木

形态特征：常绿灌木或小乔木，高 2 ～ 4m；小枝圆柱形，无毛，枝上有叶痕。叶革质，披针形至长圆形，稀倒披针形，长 4 ～ 10cm，宽 1.5 ～ 3cm，先端渐尖或锐尖，边缘具细锯齿，基部楔形至钝圆形，表面深绿色，背面淡绿色，中脉显著，侧脉在表面下陷，在背面不明显。总状花序簇生于枝顶的叶腋，或有时为顶生圆锥花序，长 4 ～ 10cm，稀达 20cm 以上；花梗被柔毛；萼片宽披针形，长约 3mm；花冠白色，坛状，外面有柔毛，上部浅 5 裂，裂片先端钝圆；雄蕊 10。蒴果卵圆形，直径约 4mm。花期 5 ～ 6 月，果期 7 ～ 9 月。

◎**分布：**产浙江、江西、湖北、湖南、广东、广西、四川、贵州、云南等地区。

◎**生境和习性：**生于海拔 900 ～ 2300m 的灌丛中。

◎**观赏特性及园林用途：**盛花时节，白色的花似流云飞瀑，清新幽雅；幼叶红色，远处观赏犹如簇簇鲜花开于枝顶。可布置于登山小道两侧，也可种植于建筑中庭、天井等处并与假山置石组合。

苍山越桔

Vaccinium delavayi

杜鹃花科　越桔属

别名： 野万年青

形态特征： 常绿小灌木，有时附生，高 0.5 ～ 1m，分枝多，短而密集；幼枝有灰褐色短柔毛，混生褐色具腺疏长刚毛。叶密生，叶片革质，倒卵形或长圆状倒卵形，长 0.7 ～ 1.5cm，宽 0.4 ～ 0.9cm，顶端圆形，微凹缺，基部楔形，边缘有软骨质狭边，通常具疏而浅的不明显小齿，或近于全缘，中脉和侧脉在叶面凹入，在背面平坦。总状花序顶生，长 1 ～ 3cm，有多数花；萼筒无毛，萼齿短；花冠白色或淡红色，坛状，长 3 ～ 5mm，外面无毛，内面上部有短柔毛，裂片短小，通常直立；雄蕊比花冠短。浆果直径 4 ～ 8mm，成熟时紫黑色。花期 3 ～ 5 月，果期 7 ～ 11 月。

◎**分布：** 产云南贡山、泸水、云龙、龙陵、丽江、鹤庆、洱源、漾濞、大理、宾川、凤庆、景东、大姚、禄劝、会泽、麻栗坡；西藏东南（察隅）、四川西南（米易）也有。

◎**生境和习性：** 生于海拔 2400 ～ 3200（～ 3850）m 的阔叶林内、干燥山坡、铁杉 - 杜鹃林内、高山灌丛或高山杜鹃灌丛中，有时附生岩石上或树干上。

◎**观赏特性及园林用途：** 叶、花、果均别致可爱，具有极高观赏性，可作为盆栽花卉开发。

乌鸦果

Vaccinium fragile

杜鹃花科　越桔属

别名：老鸦泡，老鸦果，土千年健

形态特征：常绿矮小灌木，高 20 ～ 50cm，有时高 1m 以上；茎多分枝，有时丛生，枝条被毛。叶片革质，长圆形或椭圆形，长 1.2 ～ 3.5cm，宽 0.7 ～ 2.5cm，顶端锐尖、渐尖或钝圆，基部钝圆或楔形渐狭，边缘有细锯齿，两面被毛或近于无毛。总状花序生于枝条下部叶腋和生于枝顶叶腋而呈假顶生，长 1.5 ～ 6cm，有多数花；苞片叶状，有时带红色，两面被毛，边缘有齿或有刚毛；花萼通常绿色带暗红色，萼齿三角形；花冠白色至淡红色，有 5 条红色脉纹，长 5 ～ 6mm，口部缢缩，裂齿短小，直立或反折，内面密生白色短柔毛；雄蕊内藏。浆果绿色变红色，成熟时紫黑色，直径 4 ～ 5mm。花期春、夏以至秋季，果期 7 ～ 10 月。

◎**分布：**产云南西北、东北、中部、东南部；分布于西藏（察隅）、四川、贵州。

◎**生境和习性：**生于海拔 1100 ～ 3400m 的云南松林、次生灌丛或草坡，为酸性土的指示植物。

◎**观赏特性及园林用途：**花冠白色至淡红色，春季小花如朵朵灯笼悬挂枝头，十分秀美可爱。浆果绿色变红色熟时紫黑色，成熟后酸甜可食。可作为瘠薄地、荒山造园的先锋树种，大片群植于缓坡远远望去犹如层层白雪积于枝头。同时可作为庭院地被植物。

云南越桔

Vaccinium duclouxii

杜鹃花科　越桔属

形态特征：常绿灌木或小乔木，高 1 ～ 5m，分枝多；幼枝有棱，无毛。叶片革质，卵状披针形、长圆状披针形或卵形，长 3 ～ 7cm，宽 1.7 ～ 2.5cm，顶端渐尖、锐尖或长渐尖，基部宽楔形、钝圆，稀楔形渐狭，边缘有细锯齿，两面无毛，中脉在两面突起。总状花序生于枝顶叶腋和下部叶腋；苞片卵形或宽卵形；小苞片 2，卵形；萼筒球形，无毛，萼齿三角形，齿缘有时有疏而细的短纤毛或具腺体流苏；花冠白色或淡红色，筒状坛形，口部稍缢缩，长 6 ～ 8mm，裂齿三角形，直立或通常反折；雄蕊内藏；花柱略微伸出花冠。浆果熟时紫黑色，直径 6 ～ 7mm。花期 2 ～ 5 月，果期 7 ～ 11 月。

◎**分布：**产云南中甸、维西、碧江、泸水、永平、腾冲、龙陵、潞西、凤庆、镇康、耿马、临沧、双江、孟连、景东、大理、漾濞、宾川、洱源、剑川、鹤庆、丽江、华坪、大姚、楚雄、武定、禄劝、富民、昆明、嵩明、寻甸、镇雄、玉溪、易门、双柏、新平、元江、绿春、金平、文山、广南等地；四川西南部也有。

◎**生境和习性：**生于海拔 1550 ～ 2600m 的山坡灌丛或山地常绿阔叶林、松、栎林林下。

◎**观赏特性及园林用途：**花、果别致可爱，具有极高观赏性，可作为盆栽花卉和庭院植物开发。

白　檀

Symplocos paniculata

山矾科　白檀属

别名：碎米子树，乌子树

形态特征： 落叶灌木或小乔木。幼枝具灰白色柔毛，老枝无毛。叶片膜质或纸质，阔倒卵形、椭圆形、椭圆状倒卵形或卵形，长 3 ～ 11cm，宽 2 ～ 4cm，先端急尖或渐尖，基部阔楔形或近圆形，边缘有密的细尖锯齿，叶面无毛或有柔毛，叶背通常有柔毛或仅脉上有柔毛，中脉在叶面凹下，侧脉在叶面平坦或微凸起，每边 4 ～ 8 条；叶柄长 3 ～ 5mm。圆锥花序长 5 ～ 8cm；花冠白色，长 4 ～ 5mm，5 深裂几达基部；雄蕊 40 ～ 60 枚。核果熟时蓝色，卵状球形，稍偏斜，长 5 ～ 8mm，顶端宿萼裂片直立。花期 3 ～ 6 月，果期 8 ～ 10 月。

◎**分布：** 产云南各地；除新疆和内蒙古外，全国各地均有分布。

◎**生境和习性：** 生于海拔 500 ～ 2600m 的密林、疏林及灌丛中。喜温暖湿润的气候和深厚肥沃的砂质壤土，喜光也稍耐阴。深根性树种，适应性强，耐寒，抗干旱耐瘠薄，以河溪两岸、村边地头生长最为良好。

◎**观赏特性及园林用途：** 树形优美，枝叶秀丽，春日白花，秋结蓝果，是良好的园林绿化点缀树种。

朱砂根

Ardisia crenata

紫金牛科　紫金牛属

别名：红铜盘，大罗伞，富贵籽

形态特征：灌木，高 1 ～ 2m，稀达 3m；茎粗壮无毛。叶革质或坚纸质，椭圆形、椭圆状披针形至倒披针形，长 7 ～ 15cm，宽 2 ～ 4cm，顶端急尖或渐尖，基部楔形，边缘具皱波状或波状齿，具明显的边缘腺点，侧脉 12 ～ 18 对。伞形花序或聚伞花序，着生于特殊侧生或腋生花枝顶端，花枝常近顶端有 2 ～ 3 叶或更多的叶或无叶，长 4 ～ 16cm；花长 4 ～ 6mm，花萼仅基部连合，萼片长圆状卵形；花瓣白色，稀微带粉红色，盛开时反卷，卵形，急尖，具褐色腺点，外面无毛，里面有时近基部具乳头状突起；雄蕊较花瓣短。果球形，直径 6 ～ 8mm，鲜红色，光滑，具腺点。花期 5 ～ 6 月，果期 10 ～ 12 月。

◎分布：产滇西北（贡山以南）、滇西南、滇东南、玉溪等地，昆明可以露天栽培；我国东从台湾至西藏东南部，北从湖北至广东皆有。

◎生境和习性：海拔 1000 ～ 2400m 的疏、密林下，荫湿的灌木丛中。喜温暖湿润、散射光充足、排水良好的酸性土壤环境，夏季不耐高温强光，冬季畏寒怕冷，忌燥热干旱。

◎观赏特性及园林用途：植株亭亭玉立，串串红果经久不落，十分高雅，给人以温馨、喜庆、富贵、吉祥的感觉，观赏性极强，是一种不可多得的耐阴观果花卉。适合盆栽摆设于室内，也可成片栽植于城市立交桥下、公园、庭院或景观林下，绿叶红果交相辉映，秀色迷人。

铁　　仔

Myrsine africana

紫金牛科　铁仔属

别名：万年青，碎米果，炒米柴

形态特征：灌木，高 0.5 ～ 1.5m。叶革质或坚纸质，通常为椭圆状卵形，有时呈近圆形、倒卵形、长圆形或披针形，长 1 ～ 2cm，稀达 3cm，宽 0.7 ～ 1cm，顶端广钝或近圆形，具短刺尖，基部楔形，边缘常从中部以上具锯齿，齿端常具短刺尖，两面无毛，背面常具小腺点，尤以边缘较多，侧脉很少。花簇生或近伞形花序，腋生；花 4 数，长 2 ～ 2.5mm；花冠在雌花中长为萼的两倍或略长，花冠管为全长的 1/2 或更多，裂片卵形或广卵形，具缘毛和腺点；花冠在雄花中长为萼的一倍左右，花冠管为全长的 1/2 或略短。果球形，直径达 5mm，红色变紫黑色。花期 2 ～ 3 月，有时 5 ～ 6 月，果期 10 ～ 11 月，有时 2 月或 6 月。

◎**分布：**产滇西北、滇中及滇东南等地；我国台湾、福建、江西、陕西、湖北、湖南、广东、广西、贵州、四川、西藏也有分布。

◎**生境和习性：**生于海拔 1100 ～ 3600m 的石山坡、荒坡、疏林中，干燥阳处。

◎**观赏特性及园林用途：**果实成熟时红色至紫黑色，颇具观赏性；叶片四季翠绿，植株紧凑，适合作为林下地被植物。

西南绣球

Hydrangea davidii

八仙花科　八仙花属

别名：云南绣球，滇绣球花

◎分布：产云南景东、广南、保山、大理、丽江、兰坪、维西、德钦、贡山、福贡、大关、镇雄、彝良、威信、绥江、巧家；分布于四川、贵州。

◎生境和习性：生于海拔 1400～2800m 的山坡疏林或林缘。

◎观赏特性及园林用途：花繁密而美丽。适合丛植于庭院一角。

形态特征：灌木，高 1～2.5m，小枝圆柱形，初时密被淡黄色短柔毛，后渐变无毛，树皮呈片状脱落。叶纸质，长圆形或狭椭圆形，长 7～15cm，宽 2～4.5cm，先端尾状长渐尖，基部楔形或微钝，边缘具粗齿或小锯齿，上面疏被小糙伏毛，后毛脱落仅脉上有毛，下面脉上被长柔毛，脉腋间密被丛生柔毛；侧脉 7～11 对，弧曲上升，于上面凹入，下面微凸。伞房状聚伞花序顶生；不育花萼片 3～4；孕性花深蓝色，萼筒杯状；花瓣狭椭圆形或倒卵形，长 2.5～4mm，宽 1～1.5mm，先端渐尖或钝，基部具爪；雄蕊 8～10 枚。蒴果近球形，连花柱长 3.5～4.5mm，直径 2.5～3.5mm。花期 5～6 月，果期 7～10 月。

高山醋栗

Ribes alpestre

茶藨子科　茶藨子属

别名：长刺茶藨子，刺茶藨子

形态特征：落叶灌木，高 0.8 ～ 4m。老枝表皮灰色，通常呈长条状或稀片状剥落；枝节上具 3 枚针刺，针刺呈三叉状，长 1 ～ 2.5cm，基部粗 1 ～ 3mm，极尖，枝节间常具刺毛或腺刚毛。叶片宽卵形至近圆形，直径 1 ～ 3cm，3 ～ 5 裂，基部截形或微心形，裂片先端钝或圆，具牙齿，表面绿色，背面淡绿色，两面被细柔毛或近无毛。花通常 1 或 2 朵，总状花序状，生于叶腋，长约 1.5cm；苞片数枚。花两性；萼片 5，长圆形，绿色；花瓣 5，白色，椭圆形或狭椭圆形，长 3 ～ 4mm，先端圆或钝；雄蕊 5。浆果近球形，直径约 1cm，绿色转褐色，成熟时红色，外面被具腺刺毛。种子褐色。花期 5 ～ 8 月，果期 7 ～ 10 月。

◎**分布：**产云南德钦、香格里拉、丽江、鹤庆、剑川、大理；分布于湖北、陕西、甘肃、青海、新疆、四川和西藏。阿富汗、克什米尔地区、印度西北部、尼泊尔、不丹也有。

◎**生境和习性：**生于海拔 2500 ～ 3600m 的林下、林缘、灌丛中或山坡路边。

◎**观赏特性及园林用途：**秋季果实红艳诱人，是美丽的观果植物，适合用作刺篱或与假山相配。

昆明山梅花

Philadelphus kunmingensis

虎耳草科　山梅花属

形态特征： 灌木，高达4m，两年生小枝深紫色，表皮稍开裂，当年生小枝紫色，密被灰黄色糙伏毛。叶纸质，卵形或卵状披针形，花枝最上部有时狭披针形，长4～6cm，宽1.5～3cm，先端渐尖或狭渐尖，基部圆形，边全缘或有时具疏离小齿，上面疏被长柔毛，下面密被长柔毛；叶脉稍离基出3～5条。总状花序长5～8cm，有花7～13朵，最下1对分枝顶端常具3花；花序轴和花梗密被灰黄色糙伏毛；花萼外面密被灰黄色糙伏毛，裂片卵形或卵状披针形；花冠盘状，直径2.5～3cm；花瓣白色，倒卵形或近圆形；雄蕊27～30。蒴果陀螺形，长约7mm，直径约6mm，灰褐色；种子长约2.5mm，具短尾。花期6月。

◎**分布：** 产云南昆明、禄劝等地。

◎**生境和习性：** 生于海拔2000～2100m的山坡灌丛。

◎**观赏特性及园林用途：** 花朵繁茂，芳香美丽，花期较久，为优良的观赏花木。宜栽植于庭园、风景区。也可作切花材料。宜丛植、片植于草坪、山坡、林缘地带，若与建筑、山石等配植效果也合适。

云南山梅花

Philadelphus delavayi

虎耳草科　山梅花属

别名： 西南山梅花

形态特征： 灌木，高2～4m；两年生小枝灰棕色或灰色，当年生小枝紫褐色，常具白粉。叶长圆状披针形或卵状披针形，长4.5～16cm，宽3～8cm，先端渐尖，稀急尖，基部圆形或楔形，边缘具细锯齿或近全缘，上面被糙伏毛，下面密被灰色稍弯长柔毛；叶脉基出或稍离基出3～5条。总状花序有花5～9朵，最下1对分枝顶端具3～5花，呈聚伞状或总状排列；花萼紫红色或红褐色，外面无毛，常具白粉；裂片卵形；花冠盘状，直径2.5～3.5cm；花瓣白色，近圆形或阔倒卵形，长1.2～1.5cm，宽10～12mm，先端圆形，有时浅2裂，边缘稍波状；雄蕊30～35。蒴果倒卵形，长8～10mm，直径约7mm。花期6～8月，果期9～11月。

◎**分布：** 产云南镇雄、巧家、贡山、福贡、兰坪、维西、香格里拉（中甸）、丽江、大理、永平。

◎**生境和习性：** 生于海拔2000～3200m的山地林内或林缘。

◎**观赏特性及园林用途：** 花朵繁茂，芳香美丽，花期较久，为优良的观赏花木。宜栽植于庭园、风景区。也可作切花材料。宜丛植、片植于草坪、山坡、林缘地带，若与建筑、山石等配植效果也合适。

紫萼山梅花

Philadelphus purpurascens

虎耳草科　山梅花属

形态特征：灌木，高 1.5 ～ 4m；两年生小枝灰棕色或灰褐色，表皮片状脱落，当年生小枝暗紫红色。叶卵形或椭圆形，长 3.5 ～ 7cm，宽 2.5 ～ 4.5cm，先端渐尖或急尖，基部楔形或阔楔形，边全缘或上面具疏齿；叶脉离基出 3 ～ 5 条；花枝上叶椭圆状披针形或卵状披针形，较小，长 1.5 ～ 4cm，宽 0.5 ～ 1.5cm，先端急尖或钝，边近全缘，两面均无毛或下面叶脉上疏被毛，叶脉基出 3 条；叶柄长 2 ～ 3mm。总状花序有花 5 ～ 7 朵；花萼紫红色，有时具暗紫色小点及常具白粉，萼筒壶形，裂片卵形；花冠盘状，直径 2 ～ 2.5cm；花瓣白色，椭圆形、倒卵形或阔倒卵形，先端有时凹入；雄蕊 25 ～ 33。蒴果卵形，长 6 ～ 8mm，直径 4 ～ 6mm。花期 5 ～ 6 月，果期 7 ～ 9 月。

◎**分布：**产四川西北部、云南。

◎**生境和习性：**生于海拔 2600 ～ 3500m 的山地灌丛中。

◎**观赏特性及园林用途：**花朵繁茂，芳香美丽，花期较久，为优良的观赏花木。宜栽植于庭园、风景区。宜丛植、片植于草坪、山坡、林缘地带，若与建筑、山石等配植效果也合适。

紫花溲疏

Deutzia purpurascens

虎耳草科　溲疏属

形态特征： 灌木，高 1 ～ 2m。老枝圆柱形，表皮常片状脱落；花枝具 2 ～ 4 叶。叶纸质，宽卵状披针形或卵状长圆形，长 4 ～ 9cm，宽 2 ～ 3cm，先端渐尖，稀急尖，基部宽楔形或圆形，边缘具细锯齿，上面深绿色，疏被 3 ～ 5 辐线星状毛，下面浅绿色，疏被 4 ～ 10 辐线星状毛。伞房状聚伞花序，长 4 ～ 6cm，宽 5 ～ 7cm，有花 3 ～ 12 朵，被星状毛；花蕾椭圆形；花冠直径 1.5 ～ 2cm；萼筒杯状，裂片披针形，或长圆状披针形，紫红色；花瓣粉红色，倒卵形或椭圆形，先端钝，全缘或波状，外面疏被星状毛。蒴果球形，直径约 4.5mm，先端有宿存萼片。花期 4 ～ 6 月，果期 7 ～ 10 月。

◎**分布：** 产云南景东、大理、洱源、丽江、香格里拉（中甸）、德钦、贡山、维西、泸水、兰坪、福贡；分布于四川和西藏东南部。

◎**生境和习性：** 生于海拔 2300 ～ 2800m 的山坡灌丛、疏林。

◎**观赏特性及园林用途：** 初夏花朵繁密红艳，宜丛植于草坪、路边、山坡及林缘，也可作花篱及岩石园种植材料。花枝可供瓶插观赏。

中甸刺玫

Rosa praelucens

蔷薇科　蔷薇属

别名：封闭蔷薇

形态特征：灌木，高 2 ～ 3m。枝粗壮，弓形伸展，散生粗壮而弯曲皮刺。小叶 7 ～ 13 枚，连叶柄长 5 ～ 13cm；小叶倒卵形或椭圆形，长 1 ～ 3cm，宽 7 ～ 10mm，先端钝圆或急尖，基部圆形或宽楔形，边缘上半部有单锯齿或不明显的重锯齿，下半部全缘，上面暗绿色，上下两面密被短柔毛，下面在叶脉及边缘密被长柔毛；小叶柄和叶轴密被绒毛和散生小皮刺；托叶大部贴生于叶柄。花单生，基部有叶状苞片；花直径 8 ～ 9cm；萼筒扁球形，外被柔毛和疏生皮刺，萼片卵状披针形；花瓣红色或乳白色，宽倒卵形，长 3 ～ 4.5cm，先端钝圆或微凹；雄蕊多数。果扁球形，绿褐色，外面散生针刺，萼直立，宿存。花期 6 ～ 7 月。

◎**分布：**产云南香格里拉，云南特有种。

◎**生境和习性：**生于海拔 2700 ～ 3000m 的向阳山坡上或丛林中。

◎**观赏特性及园林用途：**花朵硕大而繁密，花色艳丽，株型优美，具有极高的观赏价值。适合庭院种植。

峨眉蔷薇

Rosa omeiensis

蔷薇科　蔷薇属

别名：山石榴

形态特征：直立灌木，高 2 ～ 4m。小枝细弱，无刺或有扁而基部膨大皮刺，幼嫩时常密被针刺或无针刺。小叶 9 ～ 13 枚，连同叶柄长 3 ～ 6cm；小叶片长圆形或椭圆状长圆形，长 8 ～ 30mm，宽 4 ～ 10mm，先端急尖或钝圆，基部钝圆或宽楔形，边缘有锐锯齿，上面无毛，中脉下凹，下面无毛或在中脉有疏柔毛，中脉隆起；叶轴和叶柄具散生小皮刺；托叶大部贴生于叶柄，顶端离生部分呈三角状卵形，边缘有齿或全缘，有时有腺。花单生于叶腋，无苞片；花直径 2.5 ～ 3.5cm；萼片 4，披针形，全缘；花瓣 4，白色，倒三角状卵形，先端微凹，基部宽楔形。果倒卵球形或梨形，直径 8 ～ 15mm，亮红色，果成熟时果梗肥大，萼片直立宿存。花期 5 ～ 6 月，果期 7 ～ 9 月。

◎**分布：**产云南中部、东北部、西部、西北部；分布于四川、湖北、陕西、宁夏、甘肃、青海、西藏。

◎**生境和习性：**生于海拔 2400 ～ 4000m 的山坡灌丛中或箐沟边林中。

◎**观赏特性及园林用途：**花洁白亮丽，果实红艳美丽，适合庭院种植或作为刺篱。

缫丝花

Rosa roxburghii

蔷薇科　蔷薇属

别名：刺糜，刺梨，文光果

◎**分布：**产云南中部、西北部、东北部；分布于长江流域及其以南各省区。

形态特征：开展灌木，高1～2.5m；小枝圆柱形，斜向上升，有成对皮刺。小叶9～15，连叶柄长5～11cm，小叶片椭圆形或长圆形，稀倒卵形，长1～2cm，宽6～12mm，先端急尖或圆钝，基部宽楔形，边缘有细锐锯齿，两面无毛，下面叶脉突起，网脉明显，叶轴和叶柄有散生小皮刺；托叶大部贴生于叶柄。花单生或2～3朵，生于短枝顶端；花直径5～6cm；小苞片2～3枚；萼片通常宽卵形，有羽状裂片，外面密被针刺；花瓣重瓣至半重瓣，淡红色或粉红色，微香，倒卵形，外轮花瓣大，内轮较小；雄蕊多数。果扁球形，直径3～4cm，绿红色，外面密生针刺；萼片宿存，直立。花期5～7月，果期8～10月。

◎**生境和习性：**生于海拔500～2500m的山坡路旁灌丛中。喜温暖湿润和阳光充足环境，适应性强，较耐寒，稍耐阴，对土壤要求不严，但以肥沃的沙壤土为好。

◎**观赏特性及园林用途：**花朵红艳美丽，适合庭院栽培观赏。也可用作花篱。

大叶蔷薇

Rosa macrophylla

蔷薇科　蔷薇属

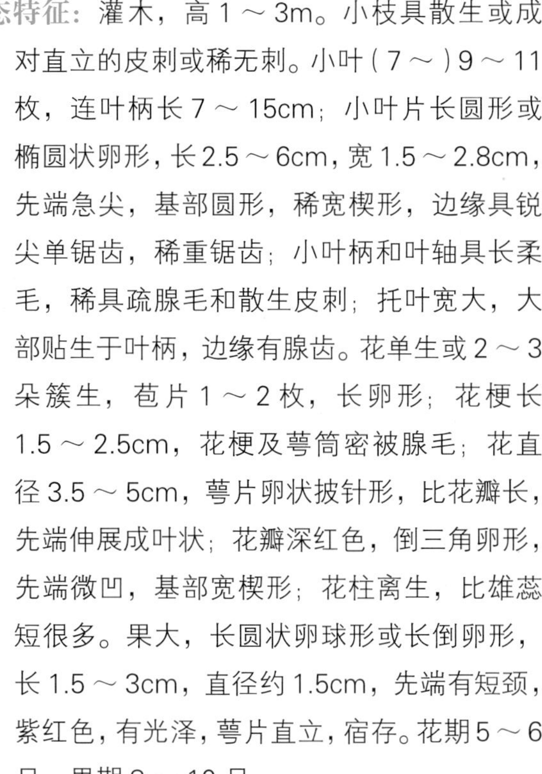

形态特征： 灌木，高 1 ～ 3m。小枝具散生或成对直立的皮刺或稀无刺。小叶（7 ～）9 ～ 11 枚，连叶柄长 7 ～ 15cm；小叶片长圆形或椭圆状卵形，长 2.5 ～ 6cm，宽 1.5 ～ 2.8cm，先端急尖，基部圆形，稀宽楔形，边缘具锐尖单锯齿，稀重锯齿；小叶柄和叶轴具长柔毛，稀具疏腺毛和散生皮刺；托叶宽大，大部贴生于叶柄，边缘有腺齿。花单生或 2 ～ 3 朵簇生，苞片 1 ～ 2 枚，长卵形；花梗长 1.5 ～ 2.5cm，花梗及萼筒密被腺毛；花直径 3.5 ～ 5cm，萼片卵状披针形，比花瓣长，先端伸展成叶状；花瓣深红色，倒三角卵形，先端微凹，基部宽楔形；花柱离生，比雄蕊短很多。果大，长圆状卵球形或长倒卵形，长 1.5 ～ 3cm，直径约 1.5cm，先端有短颈，紫红色，有光泽，萼片直立，宿存。花期 5 ～ 6 月，果期 8 ～ 10 月。

◎**分布：** 产维西、德钦、香格里拉、丽江、大理；在香格里拉三坝乡普遍。分布于西藏。

◎**生境和习性：** 生于海拔 2700 ~ 3600m 的灌丛中。

◎**观赏特性及园林用途：** 花朵及果实红艳美丽，适合庭院栽培观赏。也可用作花篱。

黄叶藨

Rubus ellipticus

蔷薇科　悬钩子属

别名：椭圆悬钩子

形态特征：灌木，高 1 ～ 3m。小枝具较密的紫褐色刺毛或腺毛，并有柔毛和稀疏钩状皮刺。羽状复叶具小叶 3 枚；小叶片椭圆形，长 4 ～ 8cm，宽 3 ～ 6cm，顶生小叶片比侧生者长大得多，先端急尖或突尖，基部圆形，叶面沿中脉有柔毛，叶脉下陷，背面密被绒毛，叶脉突起，沿叶脉具紫红色刺毛，边缘有不整齐细锐锯齿；叶柄被紫红色刺毛，柔毛和小皮刺。花数朵至 10 余朵，密集于短枝先端形成顶生短总状花序，或腋生成束，稀单花生于叶腋；花直径 1 ～ 1.5cm，花萼外面有带黄色绒毛和柔毛，或具稀疏刺毛；萼片卵形；花瓣白色或浅红色，匙形，稍长于萼片，边缘啮蚀状。果实金黄色，近球形，直径约 1cm。花期 3 ～ 4 月，果期 4 ～ 5 月。

◎**分布：**产云南嵩明、景东、镇康；分布于四川和西藏（错那、樟木）。

◎**生境和习性：**生于海拔 1000 ～ 2600m 的山谷疏密林内或林缘、干旱坡地灌丛中。

◎**观赏特性及园林用途：**观叶、观果，可用作刺篱，或配置于假山旁。

粉花绣线菊

Spiraea japonica

蔷薇科　绣线菊属

别名： 日本绣线菊

形态特征： 直立灌木，高达 1.5m。枝条细长，开展。叶片卵形至卵状椭圆形，长 2 ～ 8cm，宽 1 ～ 3cm，先端急尖至短渐尖，基部楔形，边缘有缺刻状重锯齿或单锯齿，上面暗绿色，无毛，或沿叶脉微被短柔毛，背面色浅或有白霜，常沿叶脉被短柔毛；叶柄长 1 ～ 3mm，具短柔毛。复伞房花序生于当年生的直立新枝顶端，花朵密集，密被短柔毛；苞片披针形或线状披针形；花直径 4 ～ 7mm；花萼外面疏生短柔毛，萼筒钟状；花瓣卵形至圆形，先端钝圆，长 2.5 ～ 3.5mm，宽 2 ～ 3mm，粉红色；雄蕊 25 ～ 30，远比花瓣长。蓇葖果半张开，无毛或仅沿腹缝被疏柔毛，花柱顶生，稍倾斜展开，宿萼直立。花期 6 ～ 7 月，果期 8 ～ 9 月。

◎**分布：** 广布云南全省；分布于安徽、福建、甘肃、广东、广西、河南、湖北、湖南、江苏、江西、陕西、山东、四川、西藏和浙江。

◎**生境和习性：** 生于海拔 700 ～ 4000m 的各类生境。耐寒喜光，稍耐荫庇。对土壤适宜性强，微碱性土壤上也能生长，栽种成活后稍耐干旱，忌积水。

◎**观赏特性及园林用途：** 花序较大，小花繁多密集，洋洋洒洒点缀在细碎的叶片中，富有野趣。可作绿篱、花篱，点缀在草坪边缘。还能配置于岩石园、小径边。与观赏草搭配富有野趣，同时也是花境中优良木本花卉。

滇中绣线菊

Spiraea schochiana

蔷薇科　绣线菊属

◎**分布：**产云南嵩明。

◎**生境和习性：**生于海拔 2200 ～ 2500m 的山谷，路边或林缘。

◎**观赏特性及园林用途：**枝条纤细柔美，花朵繁密，洁白如雪，可于花坛、花境，或植于草坪及园路角隅等处构成夏日佳景，亦可作基础种植。

形态特征：直立灌木。枝条弧曲，一年生枝具条纹并有棱角。叶片椭圆形或倒卵状椭圆形，长 1.5 ～ 2cm，宽 0.8 ～ 1cm，先端急尖或稍钝圆而具短尖头，基部宽楔形，边缘在叶片上半部或顶端有少数锯齿，上面暗绿色，稀被绵毛，背面密被绵毛状绒毛，初时带黄色，后转为灰色，表皮粉绿色并有乳头状突起，侧脉 3 ～ 4 对。复伞房花序生于侧生小枝顶端，花多，密集，直径 2.5 ～ 3.5cm；总花梗，花梗和萼筒均密被带暗黄色柔毛；萼片三角形；花瓣近圆形，直径约 2mm；雄蕊 25 ～ 30，与花瓣近等长。蓇葖果稍直立，外被柔毛，花柱顶生，稍向外倾斜开展，具直立或张开萼片。花期 5 ～ 7 月，果期 8 ～ 10 月。

毛枝绣线菊

Spiraea martini

蔷薇科　绣线菊属

形态特征：灌木，高 1 ～ 2.5m。小枝圆柱形，密被绒毛。叶片椭圆形至倒卵形，大小不等，大者长 8 ～ 17mm，宽 5 ～ 10mm，小者长 2 ～ 5mm，宽 2 ～ 3mm，先端急尖或钝圆，有时常 3 浅裂，边缘有 3 ～ 5 钝锯齿，基部宽楔形，上面无毛或微被短柔毛，暗绿色，背面密被短柔毛，灰白色，具羽状脉或基部有显著 3 脉。伞形花序密集于小枝上，无总梗，具 5 ～ 18 花，基部簇生数枚大小不等的叶片；花直径 5 ～ 6mm；萼筒钟状；花瓣近圆形或倒卵形，先端钝圆，长 3 ～ 4mm，宽几与长相等，白色；雄蕊 20 ～ 25，比花瓣短；蓇葖果张开。花期 2 ～ 3 月，果期 4 ～ 5 月。

◎**分布：**产云南潞西、大理、昆明、嵩明、江川、玉溪、易门、双柏、宜良、石林、师宗、普洱、屏边、广南、西畴、文山、会泽、沾益；分布于四川、广西、贵州。

◎**生境和习性：**生于海拔 1300 ～ 2350m 的山脚灌丛中。

◎**观赏特性及园林用途：**花朵繁密，洁白如雪，可于花坛、花境，或植于草坪及园路角隅等处构成夏日佳景，亦可作基础种植。

细枝绣线菊

Spiraea myrtilloides

蔷薇科　绣线菊属

形态特征：灌木，高 2 ～ 3m。枝条直立或张开，嫩时有棱角，暗红褐色。叶片卵形至倒卵状长圆形，长 6 ～ 15mm，宽 4 ～ 9mm，先端钝圆，基部楔形，全缘，稀先端有 3 至数个钝锯齿，背面浅绿色，具疏生短柔毛或无毛，羽状脉不明显，基部 3 脉较明显。伞形总状花序有花 7 ～ 20 朵；花直径 5 ～ 6mm；萼筒钟状，外面无毛，萼片三角形，外面无毛，内面疏生短柔毛；花瓣近圆形，先端钝圆，长与宽各 2 ～ 3mm，白色；雄蕊 20，与花瓣等长。蓇葖果直立张开，仅沿腹缝有短柔毛或无毛，花柱倾斜张开，萼片直立或张开。花期 6 ～ 7 月，果期 8 ～ 9 月。

◎**分布：**产云南洱源、香格里拉、丽江；分布于湖北、甘肃、四川。

◎**生境和习性：**生于海拔 2900 ～ 4000m 的林缘灌丛中或流石滩草坡。

◎**观赏特性及园林用途：**枝条纤细柔美，花朵繁密，洁白如雪，可于花坛、花境，或植于草坪及园路角隅等处构成夏日佳景，亦可作基础种植。

中甸山楂

Crataegus chungtienensis

蔷薇科　山楂属

形态特征： 灌木，高达6m。小枝圆柱形，紫褐色，疏生长圆形浅色皮孔。叶片宽卵形，长4～7cm，宽3.5～5cm，先端钝圆，基部圆形或宽楔形，边缘具细重锯齿，齿尖具腺，通常具3～4浅裂片，稀基部1对分裂较深，上面近无毛，背面疏被柔毛。伞房花序，多花、密集，直径3～4cm；花直径约1cm；萼筒钟状，外面无毛，萼片三角状卵形，长为萼筒的一半；花瓣宽倒卵形，长约6mm，宽约5mm，白色；雄蕊20枚，比花瓣稍长；花柱2～3，稀1，基部无毛。果实椭圆形，长约8mm，直径约6mm，红色；萼片宿存，反折；小核1～3，两侧有凹痕。花期5月，果期9月。

◎**分布：** 产云南维西、香格里拉、宁蒗。

◎**生境和习性：** 生于海拔2500～3500m的林内或山坡灌丛中。

◎**观赏特性及园林用途：** 初夏开花满树洁白，秋季红果累累。可作园景树。也能作成大型盆景，配植与假山石旁。

红毛花楸

Sorbus rufopilosa

蔷薇科　花楸属

形态特征：灌木或小乔木，高 2.7 ～ 5m。小枝细瘦，幼时具锈红色柔毛；芽先端微具带红色短柔毛。奇数羽状复叶，叶轴上面具沟，下面具锈红色柔毛，两侧具窄翅；小叶片 8 ～ 14 对，间隔 5 ～ 9mm，椭圆形或长椭圆形，幼时叶面有稀疏柔毛，背面沿中脉密被锈红色柔毛，老时脱落近无毛，边缘每侧具内弯的细锐锯齿 6 ～ 10，近基部或中部以下全缘，侧脉 6 ～ 8 对。花序顶生，伞房状或复伞房状，长 2.5 ～ 4cm，常具花 3 ～ 8 朵；花序轴和花梗被锈红色柔毛；萼筒钟形，萼片三角形；花瓣粉红色，宽卵形，长 4 ～ 5mm，宽 3 ～ 4mm，无毛；雄蕊 20，短于花瓣。果实红色，卵球形，直径 8 ～ 10mm，先端具直立宿存萼片。花期 5 ～ 6 月，果期 8 ～ 9 月。

◎**分布：**产云南德钦、贡山、福贡、香格里拉、维西、丽江、鹤庆、大理、禄劝；分布于四川、贵州、西藏东部至南部。

◎**生境和习性：**生于海拔 2700 ～ 4000m 的山坡针叶林和阔叶林内或沟谷灌丛中。

◎**观赏特性及园林用途：**花朵繁密，洁白如雪，入秋红果累累，叶子也变红。落叶后果实宿存一段时间，颇为红艳。可种植于庭院、风景区。

西南花楸

Sorbus rehderiana

蔷薇科　花楸属

别名：芮德花楸

形态特征：灌木或小乔木，高 3 ～ 8m。小枝粗壮，具明显皮孔。奇数羽状复叶，连叶柄长 10 ～ 15cm；叶柄长 1 ～ 3cm；叶轴上面具浅沟，两侧有翅；小叶片 7 ～ 9 对，间隔 1 ～ 1.5cm，基部的小叶片较小，长圆形至长圆状披针形，长 2.5 ～ 5cm，宽 1 ～ 1.5cm，先端急尖稀圆钝，基部偏斜圆形或宽楔形，幼时两面均被稀疏柔毛，边缘自近基部 1/3 以上部分有细锐锯齿，每侧有齿 10 ～ 20，齿尖内弯，侧脉 10 ～ 20 对，在叶面稍下陷。复伞房花序顶生，稀侧生，长 4 ～ 6cm，直径 3 ～ 5cm，具多数密集花朵；花序轴和花梗被稀疏锈褐色柔毛；花直径 5 ～ 7mm；萼筒钟形；花瓣白色，宽卵形或椭圆状卵形；雄蕊 20，长约花瓣之半。果实粉红色至深红色，卵形，直径 6 ～ 8mm，先端具宿存闭合萼片。花期 5 ～ 6 月，果期 8 ～ 9 月。

◎**分布**：产云南德钦、贡山、香格里拉、丽江、漾濞、禄劝等地；分布于四川、西藏。

◎**生境和习性**：生于海拔 3000 ～ 4300m 的山地杂木林、针叶林或灌丛中。

◎**观赏特性及园林用途**：花、叶美丽，入秋红果累累，叶子也变红。落叶后果实宿存一段时间，颇为红艳。可种植于庭院、风景区或城市行街道。

川滇花楸

Sorbus vilmorinii

蔷薇科　花楸属

形态特征： 灌木或小乔木，高4～6m。小枝细弱，幼时密被锈褐色短柔毛，有明显小皮孔。奇数羽状复叶，连叶柄长10～18cm；叶柄长1.2～2cm；叶轴上面具浅沟，无毛，背面有锈褐色短柔毛，两侧微具窄翅；托叶膜质，钻形，长4～6mm，早落；小叶片9～13对，间隔6～12mm，长圆形或长椭圆形，长1.5～2.5cm，宽6～10mm，先端急尖，基部宽楔形至圆形，叶面暗绿色，无毛，背面灰绿色，在中脉上有锈褐色短柔毛，边缘自中部以上有少数细锐锯齿，每侧具齿4～8，中部以下全缘。复伞房花序较小，长3～4（～5）mm，具较少花朵；花瓣白色。果实淡红色，球形，直径7～8mm，先端具宿存闭合萼片。花期6～7月，果期8～9月。

◎**分布：** 产云南香格里拉、维西、丽江、大理；分布于四川西南部、西藏东部和南部。

◎**生境和习性：** 生于海拔3000～4000m的山坡、路边或沟边杂木林或针叶林下，也见于草坡灌丛或竹丛内。

◎**观赏特性及园林用途：** 枝和叶秀丽，夏季白花密集，秋季红果挂满枝头，为良好的绿化观赏树种。

皱皮木瓜

Chaenomeles speciosa

蔷薇科　木瓜属

别名：贴梗海棠，木瓜，贴梗木瓜

形态特征：落叶灌木，高达 2m。枝条直立开展，有刺。叶片卵形至椭圆形，稀长椭圆形，长 3 ～ 9cm，宽 1.5 ～ 5cm，先端急尖，稀钝圆，基部楔形至宽楔形，边缘具锐尖锯齿；叶柄长约 1cm。花先叶开放，3 ～ 5 朵簇生于两年生老枝上；花梗短粗，长约 3mm 或近无柄；花直径 3 ～ 5cm；萼筒钟状，萼片直立；花瓣倒卵形或近圆形，基部延伸成短爪，长 10 ～ 15mm，宽 8 ～ 13mm，猩红色，稀淡红色或白色；雄蕊 45 ～ 50，长约为花瓣之半。果实球形或卵球形，直径 4 ～ 6cm，黄色或带黄绿色，味芳香；萼片脱落，果梗短或近无梗。花期 3 ～ 5 月，果期 9 ～ 10 月。

◎分布：云南丽江、洱源、景东、凤庆和昆明等地有栽培；分布于陕西、甘肃、四川、贵州、广东。缅甸也有。

◎生境和习性：喜光，耐瘠薄，有一定耐寒能力，喜排水良好深厚、肥沃土壤，不耐水湿。

◎观赏特性及园林用途：春天叶前开放，簇生枝间，花梗极短故名贴梗，鲜艳美丽。宜群植，与梅花、桃花混交，延长观赏期、丰富花色。也可点缀于路边绿地。

棣　棠

Kerria japonica

蔷薇科　棣棠属

别名：鸡蛋黄花，棣棠，金弹子花

形态特征：落叶灌木，高 1 ～ 2m，稀达 3m。小枝绿色，常拱垂，嫩枝有棱角。叶互生，三角状卵形或卵圆形，先端长渐尖，基部圆形，截形或微心形，边缘有尖锐重锯齿，两面绿色，上面无毛或有稀疏柔毛，背面沿脉或脉腋被柔毛；叶柄长 5 ～ 10mm，无毛；托叶膜质，带状披针形，具缘毛，早落。单花，着生于当年侧枝顶端，花梗无毛；花直径 2.5 ～ 6cm，萼片卵状椭圆形，顶端急尖，有小尖头，全缘，无毛，果时宿存；花瓣黄色，宽椭圆形，顶端下凹，比萼片长 1 ～ 4 倍。瘦果倒卵形至半球形，褐色或黑褐色，有皱褶。花期 4 ～ 6 月，果期 6 ～ 8 月。

◎分布：产云南德钦、维西、香格里拉、丽江、贡山、云龙、大理、昆明、嵩明、彝良、镇雄；分布于甘肃、陕西、山东、河南、湖北、江苏、安徽、浙江、福建、江西、湖南、四川、贵州。日本也有。

◎生境和习性：生于海拔 1800 ～ 3600m 的常绿阔叶林、阔叶林或杂木林中和路旁。有时形成小片生长。喜光稍耐阴，喜温暖湿润气候。耐寒性不强，不择土壤，不耐旱。

◎观赏特性及园林用途：枝叶翠绿细柔，盛开时金花满树，别具风姿。宜丛植于水畔、坡边、林下和假山旁，或作为花篱。可配植疏林草地或山坡林下，野趣盎然。

平枝栒子

Cotoneaster horizontalis

蔷薇科　栒子属

别名： 铺地蜈蚣，小叶栒子

形态特征： 落叶或半常绿匍匐灌木，高不超过0.5m，枝水平开张成整齐两列状；小枝圆柱形，黑褐色。叶片近圆形或宽椭圆形，稀倒卵形，长5～14mm，宽4～9mm，先端多数急尖，基部楔形，全缘，上面无毛，下面有稀疏平贴柔毛。花1～2朵，近无梗，直径5～7mm；萼筒钟状；萼片三角形；花瓣直立，倒卵形，先端圆钝，长约4mm，宽3mm，粉红色；雄蕊约12，短于花瓣。果实近球形，直径4～6mm，鲜红色，常具3小核，稀2小核。花期5～6月，果期9～10月。

◎**分布：** 产云南镇雄、大关、彝良；分布于陕西、甘肃、湖北、湖南、四川、贵州。尼泊尔也有。

◎**生境和习性：** 生于海拔2000～4000m的灌木丛中或岩石坡上。

◎**观赏特性及园林用途：** 结实繁多，入秋后红果累累。经冬不落，颇为美观。宜作基础种植及布置岩石园的材料，也可以植于斜坡、路边、假山上观赏。

西南栒子

Cotoneaster franchetii

蔷薇科　栒子属

别名：佛氏栒子

形态特征：半常绿灌木，高1～3m。枝开展，呈弓形弯曲，暗灰褐色或灰黑色，嫩枝密被糙伏毛。叶片厚，椭圆形至卵形，长2～3cm，宽1～1.5cm，先端急尖或渐尖，基部楔形，全缘，上面幼时具伏生柔毛，老时脱落，背面密被带黄色或白色绒毛；叶柄长2～3mm，被绒毛。花5～11朵组成聚伞花序，生于短侧枝顶端，总花梗和花梗密被短柔毛；花直径6～7mm；萼筒钟状，外面密被柔毛，萼片三角形；花瓣直立，粉红色，宽倒卵形或椭圆形，长4mm，宽约3mm，先端钝圆；雄蕊20，比花瓣短。果实卵球形，直径6～7mm，橘红色，幼时微具柔毛，常具3小核，稀5核。花期6～7月，果期9～10月。

◎**分布**：产云南贡山、维西、香格里拉、丽江、鹤庆、大理、昭通、会泽、昆明、文山；分布于四川、贵州、西藏。

◎**生境和习性**：生于海拔1700～3050m的多石向阳山坡灌丛中。

◎**观赏特性及园林用途**：结实繁多，入秋后红果累累。经冬不落，颇为美观。宜作基础种植及布置岩石园的材料，也可以植于斜坡、路边、假山上观赏。

粉叶栒子

Cotoneaster glaucophyllus

蔷薇科 栒子属

别名：粉绿栒子，粉叶荀子，粉缘栒子

形态特征：半常绿灌木，高2～5m。多分枝，小枝粗壮，幼时密被黄色柔毛。叶片椭圆形，长椭圆形至卵形，长3～6cm，宽1.5～2.5cm，先端急尖或钝圆，基部宽楔形至圆形，上面无毛，背面幼时微具短柔毛，后变无毛，被白霜，侧脉5～8对；叶柄幼时具黄色柔毛。花多数而密集成复聚伞花序，总花梗和花梗具黄色柔毛；苞片钻形，稍有柔毛，早落；花梗长2～4mm；花直径8mm；萼筒钟状，外面疏被柔毛，萼片三角形；花瓣白色，平展，近圆形或宽倒卵形，长3～4mm，先端多数钝圆，稀微凹，基部具极短爪；雄蕊20，几与花瓣等长。果实卵形至倒卵形，直径6～7mm，红黄色，常具2小核。花期6～7月，果期9～10月。

◎**分布：**产云南西北部、禄劝、嵩明、石林、蒙自、金平；分布于四川、广西、贵州。

◎**生境和习性：**生于海拔1500～2450m的山坡开旷地杂木林中。

◎**观赏特性及园林用途：**结实繁多，入秋后红果累累，经冬不落，颇为美观。宜作基础种植及布置岩石园的材料，也适用于制作盆景。

小叶栒子

Cotoneaster microphyllus

蔷薇科　栒子属

别名： 地锅钯，铺地蜈蚣，小黑牛筋

形态特征： 常绿贴地灌木。小枝圆柱形，红褐色至黑褐色，幼时被黄色柔毛。叶片厚革质，倒卵形至长圆状倒卵形，长4～10mm，宽3.5～7mm，先端钝圆，稀微凹或急尖，基部宽楔形，上面无毛或疏被柔毛，背面被带灰白色短柔毛，边缘反卷。花通常单生，稀2～3朵，直径约1cm，花梗极短；萼筒钟状，外面被疏短柔毛，内面无毛，萼片卵状三角形，先端钝外面稍被短柔毛，内面无毛或仅先端边缘上有少数柔毛；花瓣白色，平展，近圆形，长与宽各约4mm，先端钝；雄蕊15～20枚，较花瓣短；花柱2，离生，稍短于雄蕊。果实球形，直径5～6mm，红色，内常具2核。花期5～6月，果期8～9月。

◎**分布：** 除西双版纳和云南东北部外，产云南香格里拉、德钦、维西、丽江、大理、兰坪、师宗等云南各地；分布于四川、西藏。印度、缅甸、不丹、尼泊尔也有。

◎**生境和习性：** 生于海拔2100～4000m的山坡石缝中或河谷灌丛中。在德钦，海拔4000m的高山上，生长在石头上为匍伏的小灌木。

◎**观赏特性及园林用途：** 结实繁多，入秋后红果累累，经冬不落，颇为美观。宜作基础种植及布置岩石园的材料，也可以植于斜坡、路边、假山上观赏。

厚叶栒子

Cotoneaster coriaceus

蔷薇科　栒子属

形态特征： 常绿灌木，高 1 ～ 3m。枝开展，灰褐色，幼时密被黄色绒毛。叶片厚革质，倒卵形至椭圆形，长 2 ～ 4.5cm，宽 1.2 ～ 2.8cm，先端钝圆或急尖，具小凸尖，基部楔形，全缘，上面光亮，无毛，叶脉下陷，背面密被黄色绒毛，叶脉突起，侧脉 7 ～ 10 对。复聚伞花序，直径 4 ～ 7cm，长 2.5 ～ 4.5cm，具 20 朵花以上小而密的花朵，总花梗和花梗密被黄色绒毛；花直径 4 ～ 5mm；萼筒钟状，外面密生绒毛；花瓣白色，平展，宽卵形，先端钝圆，基部具爪，内部基部稍具细柔毛；雄蕊 20，比花瓣稍短。果实倒卵形，长 4 ～ 5mm；红色，表面具少数绒毛，具 2 小核。花期 5 ～ 6 月，果期 9 ～ 10 月。

◎**分布：** 产云南昆明、禄劝、嵩明、武定、双柏、鹤庆、屏边、麻栗坡；分布于四川、贵州、西藏。

◎**生境和习性：** 生于海拔 1800 ～ 2700m 的沟边草坡或丛林中。

◎**观赏特性及园林用途：** 以观果为主，适用于园林地被及制作盆景等。

火　棘

Pyracantha fortuneana

蔷薇科　火棘属

别名：火把果，救兵粮

形态特征：常绿灌木，高 2 ～ 3m。侧枝粗短，先端成刺状，嫩枝被锈色短柔毛，老枝暗褐色，无毛。叶片倒卵形或倒卵状长圆形，长 1.5 ～ 6cm，宽 0.5 ～ 2.5 cm，先端钝圆或微凹，稀具短尖头，基部楔形，下延至叶柄，边缘具钝锯齿，齿尖向内弯，近基部全缘，两面均无毛；叶柄短，嫩时被柔毛后变无毛。复伞房花序，直径 3 ～ 4cm，花梗和总花梗近于无毛，花梗长约 1cm；花直径约 1cm；萼筒钟状，无毛，萼片三角形，先端钝；花瓣白色，近圆形，长约 4mm，宽约 3mm；雄蕊 20 枚；花柱 5 枚，离生，与雄蕊等长。果实近球形，直径约 5mm，橘红色或深红色。花期 3 ～ 5 月，果期 8 ～ 11 月。

◎**分布：**产云南香格里拉、德钦、维西、丽江、昆明、玉溪、西畴、砚山、屏边、蒙自，云南中部常见；分布于陕西、河南、江苏、浙江、福建、湖北、湖南、广西、贵州、四川、西藏。

◎**生境和习性：**生于海拔 500 ～ 2800m 的松林下或干燥山坡及路旁。

◎**观赏特性及园林用途：**初夏白花繁密，入秋果红如火。且宿存甚久，可引鸟，十分美丽。园林空间的分割绿墙，隐蔽不雅物，遮蔽视线之用。还可作为刺篱防护。

窄叶火棘

Pyracantha angustifolia

蔷薇科　火棘属

别名： 狭叶火棘

形态特征： 常绿灌木或小乔木，多枝刺而长。叶片窄长圆形至倒披针状长圆形，先端圆钝而有短尖或微凹，基部楔形，叶边全缘，微向下卷，上面初时有灰色绒毛，逐渐脱落，暗绿色，下面密生灰白色绒毛；叶柄密被绒毛。复伞房花序，总花梗、花梗、萼筒和萼片均密被灰白色绒毛，萼片三角形；花瓣近圆形，白色。果实扁球形，砖红色。花期 5 ～ 6 月，果期 10 ～ 12 月。

◎**分布：** 产云南维西、德钦、贡山、泸水、丽江、剑川、景东、楚雄、双柏、禄劝、武定、昆明；分布于湖北、四川、西藏。

◎**生境和习性：** 生于海拔 1800 ～ 3000m 的林中或小沟边。喜光，不耐寒，适应性强。

◎**观赏特性及园林用途：** 初夏白花繁密，入秋果红如火。且宿存甚久，可引鸟，十分美丽。园林空间的分割绿墙，隐蔽不雅物，遮蔽视线之用。还可作为刺篱防护。

白牛筋

Dichotomanthes tristaniaecarpa

蔷薇科　牛筋条属

别名： 牛筋条

◎**分布：** 产云南、四川。

◎**生境和习性：** 喜光，稍耐阴，耐旱耐瘠薄，不耐寒。

◎**观赏特性及园林用途：** 枝叶茂密，秋季红果累累，是十分优良的观景植物。可作林缘绿化植物或绿篱。

形态特征： 常绿灌木至小乔木，高2～4m；枝条丛生，小枝幼时密被黄白色绒毛，老时灰褐色，无毛；树皮光滑，暗灰色，密被皮孔。叶片长圆披针形，有时倒卵形、倒披针形至椭圆形，长3～6cm，宽1.5～2.5cm，先端急尖或圆钝并有凸尖，基部楔形至圆形，全缘，上面无毛或仅在中脉上有少数柔毛，光亮，下面幼时密被白色绒毛，侧脉7～12对，下面明显；叶柄密被黄白色绒毛。花多数，密集成顶生复伞房花序，总花梗和花梗被黄白色绒毛；花直径8～9mm；萼筒钟状，外面密被绒毛，内面被柔毛；花瓣白色，平展，近圆形或宽卵形，长3～4mm，先端圆钝或微凹，基部有极短爪；雄蕊20，短于花瓣。果长圆柱状，长5～7mm，褐色至黑褐色，突出于肉质红色杯状萼筒之中。花期4～5月，果期8～11月。

红果树

Stranvaesia davidiana

蔷薇科　红果树属

形态特征： 常绿灌木或小乔木，枝条密集；小枝粗壮，圆柱形，幼时密被长柔毛后脱落，当年枝条紫褐色，老枝灰褐色，有稀疏不明显皮孔。叶片长圆形、长圆披针形，先端尖基部楔形，全缘，上面中脉下陷，沿中脉被灰褐色柔毛，下面中脉突起，沿中脉有稀疏柔毛。复伞房花序径，密具多花。花白色，萼片三角卵形。果实近球形，橘红色；萼片宿存，种子长椭圆形。花期 5 ～ 6 月，果期 9 ～ 10 月。

◎**分布：** 产云南维西、香格里拉、德钦、丽江、兰坪、鹤庆、景东、镇雄、大关、元江、马关；分布于广西、福建、贵州、四川、湖北、湖南、江西、山西、陕西、甘肃、浙江。

◎**生境和习性：** 生于海拔 900 ～ 3000m 的林下。

◎**观赏特性及园林用途：** 秋季红果满树，颇为美丽。宜于庭园或坡地种植。

青刺果

Prinsepia utilis

蔷薇科　扁核木属

别名： 扁核木，枪刺果，鸡蛋果

形态特征： 灌木，高1～5m。老枝灰绿色，小枝绿色或带灰绿色，具棱条；枝刺长达3.4cm，刺上生叶。叶片长圆形或卵状披针形，长3.5～9cm，宽1.5～3cm，先端急尖或渐尖，基部宽楔形或近圆形，全缘或有浅锯齿，两面均无毛，上面中脉下陷，下面中脉和侧脉突起。花多数成总状花序，长3～6cm，生于叶腋或生于枝刺顶端；花直径约1cm；萼片半圆形或宽卵形，边缘有齿；花瓣白色，宽倒卵形，先端啮蚀状，基部有短爪；雄蕊多数，以2～3轮着生于花盘上，花盘圆盘状，紫红色。核果长圆形或倒卵状长圆形，长1～1.5（～2）cm，紫褐色或黑紫色，平滑无毛，被白粉。花期4～5月，果期6～9月。

◎**分布：** 产云南丽江、盈江、大理、洱源、嵩明、富民、昆明、峨山、武定、蒙自、文山、丘北、师宗、广南、西畴、昭通、巧家、镇雄；分布于贵州、四川、西藏。

◎**生境和习性：** 生于海拔1000～2800m的山坡、路旁、阳处。

◎**观赏特性及园林用途：** 植株婆娑，花多密集，果实黑紫色，富有观赏性，可用于公路边坡绿化和庭院绿化。

华西小石积

Osteomeles schwerinae

蔷薇科　小石积属

别名：沙糖果，地石榴，黑果根

形态特征 落叶或半常绿灌木，高1～3m。枝条开展密集，小枝纤细，微弯曲，幼时密被灰白色柔毛，多年生枝条黑褐色。奇数羽状复叶，具小叶片7～15对，小叶片对生，椭圆形，长5～10mm，宽2～4mm，先端急尖或突尖，基部宽楔形或近圆形，全缘，上下两面疏生柔毛，背面毛被较密，小叶柄极短或近于无柄，叶轴上有窄叶翼。顶生伞房花序，有花3～5朵，直径2～3mm；总花梗和花梗均密被灰白色柔毛；花直径约1cm；萼筒钟状；花瓣长圆形，长5～7mm，宽3～4mm，白色；雄蕊20枚，比花瓣稍短。果实卵形或近球形，直径6～8mm，蓝黑色，具宿存反折萼片。花期4～5月，果期7月。

◎**分布**：除西双版纳外，云南各地均有分布；分布于四川、甘肃、贵州。

◎**生境和习性**：生于海拔1100～2000m的斜坡、灌丛或干燥处。

◎**观赏特性及园林用途**：叶片光亮美丽，花白色素雅，果实红色至蓝黑色，均具有较高观赏性，可作绿篱或盆景栽培。

紫 荆

Cercis chinensis

云实科 紫荆属

别名： 满条红，罗圈桑，乌桑，紫珠

形态特征： 落叶灌木，高 2 ～ 5m；枝丛生或单生，树皮灰白色，小枝无毛，多皮孔。托叶长圆形，早落。叶纸质，近圆形，长 6 ～ 14cm，宽 5 ～ 14cm，先端急尖或骤尖，基部浅至深心形，两面无毛。花先叶开放，2 ～ 11 朵簇生于老枝和主干上；花梗细，长 6 ～ 15mm，花粉红色至紫红色，长 1 ～ 1.3cm，龙骨瓣基部具深紫色斑纹。荚果条形，扁平，长 5 ～ 14cm，宽 1.3 ～ 1.5cm，先端急尖或短渐尖，有细而弯的喙，基部渐狭，翅宽 1.5mm，有明显网脉。种子 2 ～ 8 粒，圆形而扁，长约 4mm，黑褐色，光亮。花期 3 ～ 5 月，果期 8 ～ 10 月。

◎**分布：** 云南中部、东北部至东南部（昆明、昭通栽培，广南 1550m 野生），多为栽培；我国华北、华东、中南、东南至西南、西北均有残余分布。

◎**生境和习性：** 常见种植于庭园中，少见生于密林或石灰岩山地。喜光照，有一定的耐寒性。喜肥沃、排水良好的土壤，不耐淹。

◎**观赏特性及园林用途：** 树干挺直丛生，花形似蝶，早春先于叶开放，盛开时花朵繁多，成团簇状，紧贴枝干。夏秋季节则绿叶婆娑，满目苍翠。适合栽种于庭院、公园、广场、草坪、街头游园、道路绿化带等处，也可盆栽观赏或制作盆景。

有白花变异类型，即白花紫荆，花白色。

白刺花

Sophora davidii

豆科　槐属

别名： 苦刺花，铁马胡烧，狼牙槐

形态特征： 灌木或小乔木，高1～2m，有时3～4m。枝多开展，不育枝末端明显变成刺。羽状复叶；托叶钻状，部分变成刺；小叶5～9对，形态多变，为椭圆状卵形或倒卵状长圆形，长10～15mm，先端圆或微缺，常具芒尖，基部钝圆形，上面几无毛，下面中脉隆起，疏被长柔毛或近无毛。总状花序着生于小枝顶端；花小，长约15mm；花萼钟状，稍歪斜，蓝紫色，萼齿5；花冠白色或淡黄色，有时旗瓣稍带红紫色，旗瓣倒卵状长圆形，先端反折，翼瓣与旗瓣等长，单侧生，龙骨瓣比翼瓣稍短，镰状倒卵形，具锐三角形耳；雄蕊10，基部连合。荚果非典型串珠状，稍压扁，长6～8cm，宽6～7mm，沿缝线开裂，有种子3～5粒。花期3～8月，果期6～10月。

◎**分布：** 除西双版纳外，云南各地皆有分布；分布于广西、贵州、四川、西藏、江苏、浙江、湖南、湖北、河南、陕西、甘肃及华北。

◎**生境和习性：** 生于山坡、路旁。

◎**观赏特性及园林用途：** 花白色素雅，花型别致，花量大，是极好的观花绿篱树种。

黄花木

Piptanthus concolor

豆科　黄花木属

形态特征：灌木，高 1 ～ 4m；枝圆柱形，具沟棱，幼时被白色短柔毛。叶柄长 1.5 ～ 2.5cm，多少被毛，上面有浅沟，下面圆凸；小叶椭圆形、长圆状披针形至倒披针形，两侧不等大，纸质，长 4 ～ 10cm，宽 1.5 ～ 3cm，先端渐尖或锐尖，基部楔形，上面无毛或中脉两侧有疏柔毛，下面被毛，边缘具睫毛，侧脉 6 ～ 8 对。总状花序顶生，疏被柔毛，具花 3 ～ 7 轮；序轴在花期伸长；花梗被毛；萼密被贴伏长柔毛；花冠黄色，旗瓣中央具暗棕色斑纹，瓣片圆形，长 1.8 ～ 2cm，宽 1.5 ～ 1.8cm，先端凹缺，基部截形，翼瓣稍短，龙骨瓣与旗瓣等长或稍长，长 2 ～ 2.2cm，宽 7 ～ 8mm。荚果线形，疏被短柔毛。花期 4 ～ 7 月，果期 7 ～ 9 月。

◎**分布**：产陕西、甘肃、四川、云南、西藏。

◎**生境和习性**：生于海拔 1600 ～ 4000m 的山坡林缘和灌丛中。

◎**观赏特性及园林用途**：花金黄艳丽，叶形美，是良好的观花植物，可用于公路边坡、矿山等地的绿化。

云南锦鸡儿

Caragana franchetiana

豆科　锦鸡儿属

◎**分布**：产云南德钦、香格里拉、丽江、洱源、会泽；分布于四川、西藏东部。

◎**生境和习性**：生于海拔 2500 ～ 3800m 的山坡灌丛、路边、林下或林缘。

◎**观赏特性及园林用途**：株丛密集，开花时满树金黄，宜布置于林缘、路边、建筑物或岩石旁，或作绿篱用，也可作盆景材料，还是良好的蜜源植物及水土保持植物。

形态特征：灌木，高 1 ～ 2m。树皮灰褐色。羽状复叶有 5 ～ 9 对小叶；托叶膜质，三角形或卵状披针形，脱落，先端具有刺尖或无；仅长枝叶轴硬化成粗针刺，长 2 ～ 5cm，宿存，无毛；小叶倒卵状长圆形或长圆形，长 5 ～ 8mm，宽 3 ～ 3.5mm，幼嫩时具短柔毛。花单生；花萼阔圆筒状，基部囊状，萼齿披针状三角形；花冠黄色，长约 22mm，旗瓣近圆形，先端圆而不凹，具长瓣柄，翼瓣的瓣柄稍短于瓣片，具 2 耳，下耳宽线形，与瓣柄近等长，上耳齿状，短小，龙骨瓣先端钝，瓣柄与瓣片近相等，耳齿状。荚果圆筒状，长 2 ～ 4.5cm，密被伏贴柔毛，内面被褐色绒毛。花期 5 ～ 7 月，果期 7 ～ 8 月。

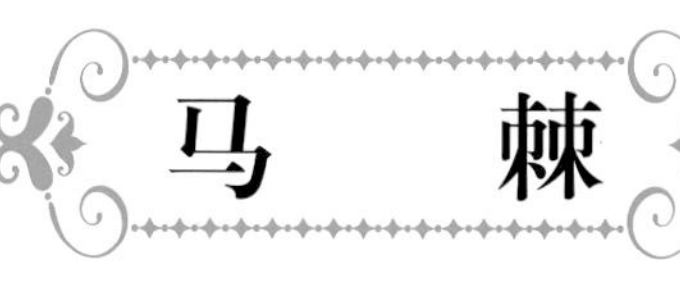

马　棘

Indigofera pseudotinctoria

豆科　木蓝属

别名：苦刺花，铁马胡烧，狼牙槐

形态特征：灌木，高 1 ～ 1.5m。枝细长，幼枝被毛。羽状复叶长 3.5 ～ 6cm；叶柄被平贴丁字毛；小叶 3 ～ 5 对，对生，椭圆形、倒卵形或倒卵状椭圆形，长 1 ～ 2.5cm，宽 0.5 ～ 1.1cm，先端圆或微凹，有小尖头，基部阔楔形或近圆形，两面有白色丁字毛；小叶柄长约 1mm。总状花序，花开后较复叶为长，长 3 ～ 11cm，花密集；花萼钟状；花冠淡红色或紫红色，旗瓣倒阔卵形，长 4.5 ～ 6.5mm，先端螺壳状，翼瓣基部有耳状附属物，龙骨瓣近等长，距长约 1mm，基部具耳。荚果线状圆柱形，长 2.5 ～ 4（～ 5.5）cm，直径约 3mm，顶端渐尖，幼时密生短丁字毛；种子椭圆形。花期 5 ～ 8 月，果期 9 ～ 10 月。

◎分布：产云南德钦、兰坪、维西、丽江、昆明、蒙自、西畴等地；分布于四川、贵州、广西、湖南、湖北、江西、江苏、安徽、浙江、福建。

◎生境和习性：生于海拔 100 ～ 2300m 的山坡林缘及灌木丛中。

◎观赏特性及园林用途：株丛紧凑，花鲜艳，可作公路边坡绿化植物，也可丛植于草坪上和假山旁。

饿蚂蝗

Desmodium multiflorum

豆科　山蚂蝗属

别名：多花山蚂蝗，红掌草，山黄豆

形态特征：直立灌木，高 1 ～ 2m。多分枝，幼枝具棱角，密被淡黄色至白色长柔毛。叶为羽状三出复叶；叶柄、叶轴均密被绒毛；小叶近革质，顶生小叶长 5 ～ 10cm，宽 3 ～ 6cm，侧生小叶较小，基部偏斜，椭圆形或倒卵形，先端钝或急尖，具硬细尖，基部楔形、钝或稀为圆形，上面几无毛，下面多少灰白，被贴伏或伸展丝状毛，侧脉每边 6 ～ 8 条。总状花序腋生或顶生为圆锥花序，长可达 18cm；总花梗密被向上丝状毛和小钩状毛，每苞片腋内具 2 花；花萼密被钩状毛或疏被微柔毛；花冠紫色，旗瓣椭圆形、宽椭圆形至倒卵形，长 8 ～ 11mm，翼瓣狭椭圆形，微弯曲，长 8 ～ 14mm，具瓣柄，龙骨瓣长 7 ～ 10mm，具长瓣柄；雄蕊单体。荚果长 15 ～ 24mm。花期 7 ～ 9 月，果期 8 ～ 10 月。

◎**分布：**产云南师宗、嵩明、昆明、江川、宜良、安宁、禄劝、武定、元江、蒙自、砚山、屏边、西畴、景东、西双版纳、孟连、峨山、大理、洱源、漾濞、鹤庆、楚雄、德钦、贡山、福贡、腾冲、双江、耿马、凤庆、龙陵、沧源、镇康、昌宁等地；分布于浙江南部、福建、江西、湖北、广东北部、广西、四川、贵州、西藏、台湾。

◎**生境和习性：**生于海拔 1100 ～ 3200m 的山坡路边、草地、灌丛、林中或林缘。

◎**观赏特性及园林用途：**花密集而艳丽，花期长，是优良的荒坡绿化植物，也可植于庭院观赏。

长波叶山蚂蝗

Desmodium sequax

豆科　山蚂蝗属

别名：波叶山蚂蝗，瓦子草

形态特征：直立灌木，高 0.5 ～ 2.5m。多分枝，幼枝被锈色柔毛。叶为羽状三出复叶；托叶线形，长 4 ～ 5mm，宽约 1mm，外面密被柔毛，有缘毛；叶柄、叶轴均被锈黄色柔毛和混有小钩状毛；小叶纸质，卵状椭圆形或圆菱形，先端急尖，基部楔形至钝，边缘自中部以上呈波状，上面密被贴伏小柔毛或渐无毛，下面被贴伏柔毛并混有小钩状毛，侧脉每边 4 ～ 7 条，两面隆起；顶生小叶长 4 ～ 10cm，宽 4 ～ 6cm，侧生小叶较小。总状花序腋生或顶生组成圆锥花序；每苞片腋内着生 2 花；花萼裂片三角形；花冠紫色，长约 8mm，旗瓣椭圆形至宽椭圆形，先端微凹，翼瓣狭椭圆形，具瓣柄和耳，龙骨瓣具长瓣柄，微具耳；雄蕊单体。荚果腹背缝线缢缩呈念珠状。花期 7 ～ 9 月，果期 9 ～ 11 月。

◎**分布：**产云南巧家、盐津、彝良、大关、师宗、昆明、宜良、江川、双柏、峨山、蒙自、石屏、绿春、马关、元阳、西畴、河口、屏边、景东、思茅、西双版纳、双江、陇川、大理、兰坪、鹤庆、永仁、贡山、福贡、泸水、临沧、沧源及镇康等地；分布于湖北、湖南、广东西北部、广西、四川、贵州、西藏、台湾等省区。

◎**生境和习性：**生于海拔 3200 ～ 3400m 的山坡草地、灌丛、疏林及林缘。

◎**观赏特性及园林用途：**花密集而艳丽，花期长，是优良的荒坡绿化植物，也可植于庭院观赏。

圆锥山蚂蝗

Desmodium elegans

豆科　山蚂蝗属

别名： 总状花序山蚂蝗

◎**分布：** 产云南大理、剑川、洱源、鹤庆、丽江、香格里拉、腾冲、凤庆、镇康、砚山等地；分布于陕西西南部、甘肃、四川、贵州西北部及西藏等省区。

◎**生境和习性：** 生于海拔 1000 ～ 3700m 的林缘、林下、山坡路旁或水沟边。

◎**观赏特性及园林用途：** 花密集而艳丽，花期长，是优良的荒坡绿化植物，也可植于庭院观赏。

形态特征： 灌木，高 1 ～ 2m。多分枝，小枝被短柔毛至渐变无毛。叶为羽状三出复叶；叶柄长 2 ～ 4cm；小叶纸质，卵状椭圆形、宽卵形、菱形或圆菱形，先端钝或急尖至渐尖，基部宽楔形，边缘全缘或浅波状，长 2 ～ 7cm，宽 1.5 ～ 5cm，侧生小叶略小，基部偏斜，上面被贴伏短柔毛或几无毛，下面被密或疏的短柔毛至近无毛，侧脉 4 ～ 6 条。花序为顶生圆锥花序和腋生总状花序，长 5 ～ 20cm 或更长，总花梗密被或疏生小柔毛，每苞片腋内具 2 ～ 3 花；花萼钟形，4 裂；花冠紫色或紫红色，长 9 ～ 17mm，旗瓣宽椭圆形或倒卵形，先端微凹，圆形，基部楔形，翼瓣、龙骨瓣均具瓣柄，翼瓣具耳；雄蕊单体。荚果扁平。花果期 6 ～ 10 月。

小雀花

Campylotropis polyantha

豆科　杭子梢属

别名： 多花杭子梢，多花胡枝子

形态特征： 灌木，多分枝，高 1 ～ 3m。嫩枝有棱，被较疏或较密的短柔毛。羽状复叶具 3 小叶；小叶椭圆形至长圆形、椭圆状倒卵形至长圆状倒卵形或楔状倒卵形，长 8 ～ 30（～ 40）mm，宽 4 ～ 15（～ 20）mm，先端微缺、圆形或钝，具小凸尖，基部圆形或有时向基部渐狭呈宽楔形或近楔形，上面绿色，通常无毛，脉明显，下面淡绿色，有柔毛。总状花序腋生并常顶生形成圆锥花序，有时花序下无叶或腋出花序的叶发育较晚以致开花时形成无叶的圆锥花序；花萼钟形或狭钟形；花冠粉红色、淡紫色或近白色，长 9 ～ 12mm，龙骨瓣呈直角或钝角内弯，通常瓣片上部比瓣片下部（连瓣柄）短。荚果椭圆形或斜卵形，向两端渐狭，被柔毛，边缘密生纤毛。花果期 3 ～ 11 月。

◎**分布：** 产云南中部及以北地区；分布于甘肃南部、四川、贵州、西藏东部。

◎**生境和习性：** 生于海拔 1000（400）～ 3000m 的向阳地的灌丛、沟边、林边、山坡草地上。耐旱、耐寒，生长茂盛。

◎**观赏特性及园林用途：** 花多而密集，色彩艳丽，花期很长，是优良的夏秋观花灌木，可植于庭院观赏，亦可作公路边坡的绿化植物。

截叶铁扫帚

Lespedeza cuneata

豆科　胡枝子属

别名： 夜关门

形态特征： 小灌木，高达1m。茎直立或斜升，被毛。叶密集，柄短；小叶楔形或线状楔形，长1～3cm，宽2～5mm，先端截形或近截形，具小刺尖，基部楔形，上面近无毛，下面密被伏毛。总状花序腋生，具2～4朵花；总花梗极短；小苞片卵形或狭卵形，长1～1.5mm，先端渐尖，背面被白色伏毛，边具缘毛；花萼狭钟形，密被伏毛，5深裂，裂片披针形；花冠淡黄色或白色，旗瓣基部有紫斑，有时龙骨瓣先端带紫色，翼瓣与旗瓣近等长，龙骨瓣稍长；闭锁花簇生于叶腋。荚果宽卵形或近球形，被伏毛，长2.5～3.5mm，宽约2.5mm。花期7～10月，果期9～10月。

◎**分布：** 产云南全省；分布于陕西、甘肃、山东、台湾、河南、湖北、湖南、广东、四川、西藏等省区。

◎**生境和习性：** 生于海拔2500m以下的山坡路边。

◎**观赏特性及园林用途：** 叶小而密集，花色艳丽，是优良的荒坡绿化植物，也可植于庭院观赏。

牛奶子

Baccaurea ramiflora

胡颓子科　胡颓子属

别名： 剪子果，甜枣，麦粒子

形态特征： 落叶直立灌木，高可达 4m。老茎上的刺长 1 ～ 4cm，幼枝密被银白色至深褐色鳞片。叶片纸质至膜质，长椭圆形、椭圆形至倒卵状披针形，长 3 ～ 8cm，宽 1 ～ 3cm，先端钝或渐尖，基部圆至楔形，表面幼时被白色星状短柔毛或鳞片，背面密被银白色和少量褐色鳞片，侧脉 5 ～ 7 对；叶柄淡白色。花先叶开放，黄白色，密被银白色鳞片，单生或 2 ～ 7 花簇生；萼筒漏斗状，裂片卵状三角形。果实近球形，长 5 ～ 7mm，被银白色至深褐色鳞片，熟时红色，果梗粗，长 4 ～ 10mm。花期 3 ～ 4 月，果期 6 ～ 7 月。

◎**分布：** 产云南大关、会泽、昭通、嵩明、昆明、禄劝、武定、大姚、漾濞、大理、永平、剑川、云龙、维西、德钦、香格里拉、贡山、丽江、福贡、泸水、腾冲；我国长江南北大部分省区均有分布。

◎**生境和习性：** 生于海拔 1500 ～ 2800m 的河边、荒坡灌丛中。

◎**观赏特性及园林用途：** 树形婆娑，叶片银白色，花虽小而繁密，果实熟时红色，十分艳丽，是优良的观花、观叶、观果植物，适合庭院种植观赏。

宜昌胡颓子

Elaeagnus henryi

胡颓子科　胡颓子属

别名：羊奶果

形态特征： 常绿直立灌木，高 3 ～ 5m，具长 8 ～ 20mm 的刺。幼枝淡褐色，被鳞片，黑色或灰黑色。叶片革质至厚革质，阔椭圆形或倒卵状阔椭圆形，长 6 ～ 15cm，宽 3 ～ 6cm，先端渐尖或急尖，尖头三角形，基部钝形或阔楔形，稀圆形，边缘有时稍反卷，表面幼时被褐色鳞片，深绿色，背面银白色，密被白色和散生少数褐色鳞片，侧脉 5 ～ 7 对，表面不甚明显，背面甚凸起；叶柄黄褐色。花淡白色，质厚，密被鳞片，1 ～ 5 花生于叶腋短小枝上成短总状花序，花枝锈色；萼筒圆筒状漏斗形。果实长圆形，多汁，长 18mm，幼时被银白色和散生少数褐色鳞片，淡黄白色或黄褐色，成熟时红色。花期 10 ～ 12 月，果期翌年 2 ～ 5 月。

◎**分布：** 产云南麻栗坡、西畴、文山、蒙自、景东、维西、贡山等地；分布于陕西、浙江、安徽、江西、湖北、湖南、四川、贵州、福建、广东、广西。

◎**生境和习性：** 生于海拔 1400 ～ 2300m 的疏林或灌丛中。

◎**观赏特性及园林用途：** 树形婆娑，叶背银白色，花虽小而繁密，果实熟时红色，十分艳丽，是优良的观花、观叶、观果植物，适合庭院种植观赏。

虾子花

Woodfordia fruticosa

千屈菜科　虾子花属

别名： 虾子木，虾米草，吴福花

形态特征： 灌木，高 1.5 ～ 4m；枝条长而扩展；幼枝被短柔毛。叶革质，对生，披针形或狭披针形，长 5 ～ 11cm，宽 1.5 ～ 3cm，先端渐尖，基部近圆形或近心形，上面绿色，通常近无毛，下面微白色，密被短柔毛，有散生黑色腺点，近无柄。聚伞花序腋生，圆锥状，长 2 ～ 3cm，花序轴被毛；小苞片 2 枚，一般早落；花两性，具长 2 ～ 5mm 的花梗；花萼筒状，鲜红色，长 1 ～ 1.2cm，被腺毛，口部略偏斜，具 6 齿，萼齿之间有小附属体；花瓣 6 枚，小而薄，半透明，淡红色，通常长于萼齿；雄蕊 12 枚，生于萼管下部，明显伸出；花柱比雄蕊稍长。蒴果狭椭圆形，长约 7mm，包藏于萼管内，瓣裂，种子多数。花期 1 ～ 4 月。

◎**分布：** 产云南河口、蒙自、建水、绿春、元江、西双版纳、普洱、易门、双柏、景东、云县、凤庆等地；分布于贵州、广东、广西。

◎**生境和习性：** 多生于海拔 300 ～ 2000m 的干热河谷地、山坡草地或向阳灌木丛中。

◎**观赏特性及园林用途：** 花繁密，花色鲜艳，花期长，花形奇特有趣，树形美观，可用于公路边坡绿化和庭院观赏。

澜沧荛花

Wikstroemia delavayi

瑞香科　荛花属

形态特征：灌木，高 1 ～ 2m；多分枝，枝黄绿色。叶对生，坚纸质，披针状倒卵形或倒卵形或倒披针形，长 3 ～ 5.5cm，宽 1.6 ～ 2.5cm，先端短渐尖、锐尖或钝圆而具短尖头，基部圆形或微心形，表面绿色，背面苍白，两面无毛，中脉在背面凸出，在表面下陷，侧脉不显。圆锥花序顶生，长 3 ～ 4cm，稀达 10cm；花黄绿色，顶部呈紫色；花萼被疏柔毛，口部 4 裂，雄蕊 8，2 轮。果干燥，圆柱形。花期 6 ～ 8 月，果期 9 ～ 11 月。

◎**分布：**产云南洱源、丽江、维西、德钦及澜沧江流域；分布于四川。

◎**生境和习性：**生于海拔 2000 ～ 2700m 的河边林中、山坡灌丛或河谷石灰岩山地。

◎**观赏特性及园林用途：**株型婆娑柔美，花小而茂密，适宜种于园路边、假山旁。

陕甘瑞香

Daphne tangutica

瑞香科　瑞香属

别名：唐古特瑞香

形态特征：绿灌木，高0.6～2m；枝粗壮，幼枝疏被黄色短柔毛，老枝无毛。叶互生，革质，条状披针形或倒披针形，长3～8cm，宽0.8～1.6cm，先端钝圆或稀具凹缺，基部楔形或渐狭，边缘全缘，常反卷，两面均无毛。花外面浅紫色或紫红色，内面白色，芳香，常数花成顶生头状花序，具总苞；花萼管状，长约2cm，无毛，裂片4，裂片卵形或卵状披针形，长约8mm，先端钝圆；雄蕊8。核果卵状，红色，具柄，柄长2mm，被疏毛。花期4～5月，果期6～8月。

◎**分布：**产云南维西、中甸、德钦、鹤庆；分布于陕西、甘肃、四川、西藏、青海、河南、山西。

◎**生境和习性：**生于海拔2700～3600m的山坡灌丛中或疏林下。

◎**观赏特性及园林用途：**株丛紧密，花多成簇，芳香四溢。适宜孤植、列植、丛植于庭前、道旁、墙隅、草坪中，或点缀于假山岩石旁，也可盆栽。栽培供观赏用。

橙花瑞香

Daphne aurantiaca

瑞香科　瑞香属

形态特征： 常绿小灌木，高 0.6 ～ 1.2m；枝条短而密，无毛。叶近革质，近于对生，椭圆形或倒卵形至长倒卵形，长 8 ～ 17mm，宽 5 ～ 10mm，顶端锐尖，基部宽楔形或近圆形，边缘反卷，上面绿色，幼时被有白霜，下面苍白色，密被白霜，无毛。花橙黄色，有芳香，常 2 ～ 4 朵成簇，顶生或腋生；叶状苞片卵形或卵状披针形，长 2 ～ 3mm，微被白霜；花被筒状，长约 14mm，无毛，裂片 4，椭圆状卵形，长约 4mm；雄蕊 8，2 轮，分别着生于花被筒上部及中部；花盘环状，浅裂；子房无毛。花期每年 5 ～ 6 月，果期每年 8 月。

◎**分布：** 产产滇西北、滇中。

◎**生境和习性：** 生于海拔 3000 ～ 3500m 的高山地带。

◎**观赏特性及园林用途：** 株丛紧密，叶片光亮秀丽；花色鲜艳，芳香四溢，花多成簇。适宜孤植、列植、丛植于庭前、道旁、墙隅、草坪中，或点缀于假山岩石旁，也可盆栽观赏。

雪花构

Daphne papyracea

瑞香科　瑞香属

别名： 软皮树，雪花皮，雪花构

形态特征： 常绿灌木，高 1～2m，稀达 4m；枝粗壮，幼枝疏生黄色短柔毛。叶互生，纸质；长圆形至披针形，偶有长圆状倒披针形，长 6～16cm，宽 1.2～4cm，先端渐尖，基部楔形，两面均无毛。花白色，无芳香，数朵集生枝顶，近于头状，苞片外侧有绢状毛；总花梗短，密被短柔毛；花被筒状，长约 16mm，被淡黄色短柔毛，裂片 4，卵形或长圆形，长约 5mm；雄蕊 8，2 轮排列，分别着生花被筒上部及中部；花盘环状，边缘波状；子房长圆状，长 3～4mm，无毛。核果卵状球形。

◎**分布：** 云南全省各地均有分布；四川、湖南、广东、广西、贵州有分布。

◎**生境和习性：** 生于海拔 1500～2400(～3000)m 的荒坡、疏林下。

◎**观赏特性及园林用途：** 叶片光亮，常绿，花洁白，适合栽植于庭院观赏。

尖子木

Oxyspora paniculata

野牡丹科　尖子木属

别名：酒瓶果，砚山红，牙娥拔翠

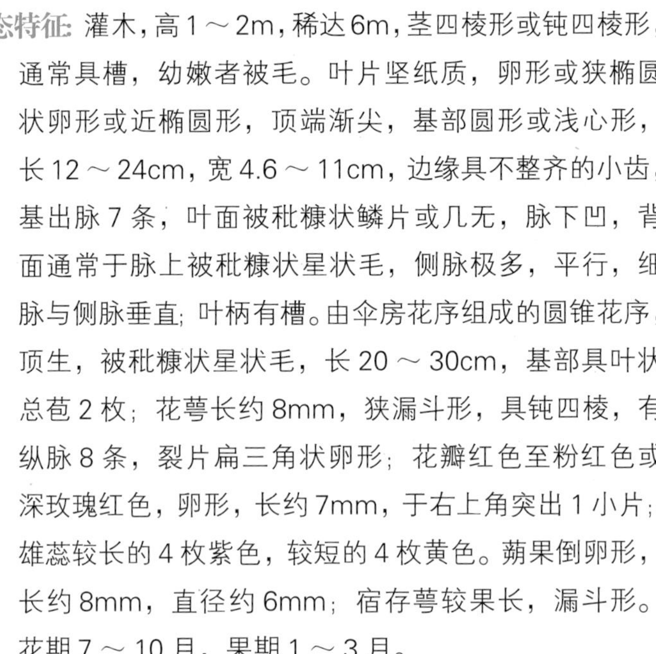

形态特征 灌木，高 1 ～ 2m，稀达 6m，茎四棱形或钝四棱形，通常具槽，幼嫩者被毛。叶片坚纸质，卵形或狭椭圆状卵形或近椭圆形，顶端渐尖，基部圆形或浅心形，长 12 ～ 24cm，宽 4.6 ～ 11cm，边缘具不整齐的小齿，基出脉 7 条，叶面被秕糠状鳞片或几无，脉下凹，背面通常于脉上被秕糠状星状毛，侧脉极多，平行，细脉与侧脉垂直；叶柄有槽。由伞房花序组成的圆锥花序，顶生，被秕糠状星状毛，长 20 ～ 30cm，基部具叶状总苞 2 枚；花萼长约 8mm，狭漏斗形，具钝四棱，有纵脉 8 条，裂片扁三角状卵形；花瓣红色至粉红色或深玫瑰红色，卵形，长约 7mm，于右上角突出 1 小片；雄蕊较长的 4 枚紫色，较短的 4 枚黄色。蒴果倒卵形，长约 8mm，直径约 6mm；宿存萼较果长，漏斗形。花期 7 ～ 10 月，果期 1 ～ 3 月。

◎**分布：**产云南碧江、腾冲、景东、临沧、双江、双柏、思茅、勐海、小勐养、文山、西畴、富宁等地；我国四川、贵州、广西、西藏东南部亦产。

◎**生境和习性：**生于海拔 500 ～ 1900m 的山谷密林下，阴湿处或溪边，也长于山坡疏林下，灌木丛中湿润的地方。

◎**观赏特性及园林用途：**花序大而下垂，红艳美丽，叶片大而美丽，花期长，适宜水边成片栽植。也适合庭院点缀或者盆栽。

假朝天罐

Osbeckia crinita

野牡丹科　金锦香属

别名: 罐罐花，茶罐花，张天师

形态特征: 灌木，高 0.2 ～ 1.5m，稀达 2.5m；茎四稜形，被疏或密平展的刺毛。叶片坚纸质，长圆状披针形。卵状披针形至椭圆形，顶端急尖至近渐尖，基部钝或近心形，长 4 ～ 9cm，稀达 13cm，宽 2 ～ 3.5cm，全缘，两面被糙伏毛，基出脉 5，叶面脉上无毛，背面仅脉上被糙伏毛；叶柄密被糙伏毛。总状花序，顶生，或每节有花两朵，常仅一朵发育，或由聚伞花序组成圆锥花序；苞片具刺毛状缘毛，背面无毛或被疏糙伏毛；花萼具多轮刺毛状的长柄星状毛；花瓣 4，紫红色，倒卵形；雄蕊 8，花药具长喙，药隔基部微膨大，向前微伸，向后呈短距。蒴果卵形，宿存萼坛形，近中部缢缩，顶端平截。花期 8 ～ 11 月，果期 10 ～ 12 月。

◎**分布:** 产云南中部以南地区；我国四川、贵州亦有。此外，印度，缅甸亦有。

◎**生境和习性:** 生于海拔 800 ～ 2300m 的山坡草地、田埂或矮灌木丛中阳处，亦生于山谷溪边、林缘湿润的地方。

◎**观赏特性及园林用途:** 花大，红艳美丽，雄蕊奇特而富有观赏性，花期长，适宜湖旁、涧边成片栽植。

蚂蚁花

Osbeckia nepalensis

野牡丹科　金锦香属

别名：窄腰泡，板楷

◎**分布：**产滇东南至滇西南。

◎**生境和习性：**生于海拔 550～1900m 的开朗山坡草地、灌木丛边，路旁及田边，亦见于疏林缘、溪边湿润的地方，林中少见。

◎**观赏特性及园林用途：**花大，红艳美丽，可孤植或丛植于园林，也适合庭院点缀或者盆栽，可充分体现乡土气息与自然韵味。

形态特征：直立亚灌木或灌木，高 0.6～1m；茎四棱形，密被糙伏毛。叶片坚纸质，长圆状披针形或卵状披针形，顶端渐尖，基部心形至钝，长 7～13cm，宽 2.5～3.8cm，全缘，具缘毛，两面密被糙伏毛，基出脉 5，叶柄极短，长 1～4mm，密被毛。由聚伞花序组成的圆锥花序，顶生，长 5～8cm 或更长；花萼裂片 5；花瓣 5，红色至粉红色，稀紫红色，广倒卵形，长 1.5～2cm，具缘毛；雄蕊 10，花丝较花药略长，花药具短喙，药隔基部微膨大呈盘状。蒴果卵状球形，5 纵裂，宿存萼坛形，顶端平截，长约 8mm，密被篦状刺毛突起。花期 8～10 月，果期 9～12 月。

展毛野牡丹

Melastoma normale

野牡丹科　野牡丹属

别名： 麻叶花，毡帽泡花，洋松子

形态特征： 灌木，高 0.5 ～ 1m，稀 2 ～ 3m；茎钝四棱形或近圆柱形，密被平展的长粗毛及短柔毛。叶片坚纸质，卵形至椭圆形或椭圆状披针形，顶端渐尖，基部圆形或近心形，长 4 ～ 10.5cm，宽 1.4 ～ 3.5cm，全缘，基出脉 5，叶面密被糙伏毛，背面密被糙伏毛及密短柔毛；叶柄密被糙伏毛。伞房花序生于分枝顶端，具花 3 ～ 7 朵，基部具叶状总苞 2 枚；苞片披针形至钻形，密被糙伏毛；花萼密被鳞片状糙伏毛；花瓣紫红色，倒卵形，长 2 ～ 7cm，仅具缘毛；雄蕊长者药隔基部伸长，弯曲，末端 2 裂。蒴果坛状球形，顶端平截，密被鳞片状糙伏毛。花期春季或夏初（滇南有时 9 ～ 11 月），果期秋季（滇南有时 5 ～ 6 月）。

◎**分布：** 产云南西部至东南部；我国西南至台湾各省区亦有。

◎**生境和习性：** 生于海拔 150 ～ 2800m 的开朗山坡灌木丛或疏林中。

◎**观赏特性及园林用途：** 花大，玫瑰红色，鲜艳美丽，可孤植或丛植于园林，也适合庭院点缀或者盆栽，可充分体现乡土气息与自然韵味。

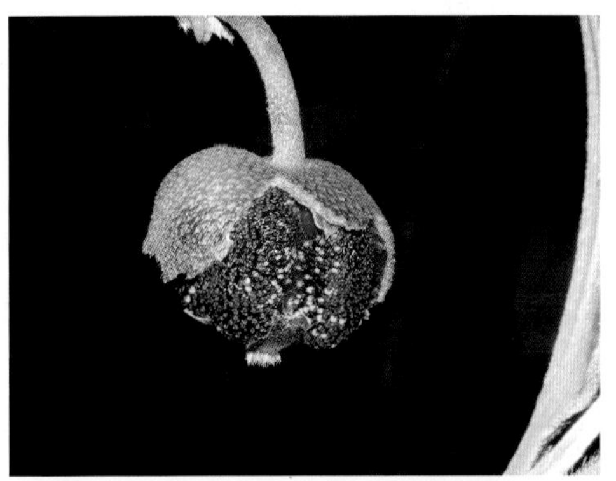

光叶偏瓣花

Plagiopetalum serratum

野牡丹科　偏瓣花属

形态特征：灌木，高0.5m；茎初时四棱形，棱上有翅，翅上被疏棍棒状毛，分枝多。叶片膜质或纸质，披针形或卵状披针形，稀椭圆形，顶端渐尖，基部楔形或钝，长4.2～12cm，宽1.4～4.5cm，边缘具细锯齿，3出脉，两面被极疏的糙伏毛，常仅于近边缘者明显，叶面脉微凹，背面脉隆起；叶柄两侧具狭翅。伞形花序组成伞房花序或伞房花序，生于分枝顶端，花多，长4～8.5cm，直径3～6.5cm，总梗与花梗棱上具带棍棒状毛的狭翅；花萼脉上具棍棒状毛；花瓣粉红色、红色、玫瑰红色或紫红色，长卵形，不对称，偏斜，长约10mm。蒴果卵形，四棱形；宿存萼紫红色，顶端平截。花期8～9月，果期10～12月。

◎**分布：**产滇西北至滇西南。

◎**生境和习性：**生于海拔1200～2800（～3450）m的山谷、山坡林下阴湿处或沟边。

◎**观赏特性及园林用途：**株丛密集，花型独特优雅，花色鲜艳，是很好的观花灌木，适合栽植于林下、水边。

药囊花

Cyphotheca montana

野牡丹科　药囊花属

形态特征： 灌木，高 0.8 ～ 2m；茎钝四棱形，具粗糙的薄栓皮，小枝四棱形，密被秕糠状微柔毛及小星状毛，具深槽，分枝多。叶片纸质，卵形，卵状长圆形，卵状披针形或椭圆形，顶端短渐尖或近急尖，基部楔形或广楔形，长 5 ～ 12cm，宽 2 ～ 5.5cm，边缘具疏细锯齿，侧脉多数，平行，于背面隆起；叶柄密被小星状毛。聚伞花序或退化成假伞形花序或伞房花伞，顶生或生于各分枝顶端，长约 5cm；花瓣白色至粉红色，广倒卵形或偏斜广倒卵形；雄蕊长者伸出花冠，药室披针形，弯曲，短者内藏，药室成膝曲状弯曲，药隔基部不膨大或不明显膨大。蒴果长和直径约 8mm，有时约 6mm；宿存萼坛形。花期约 5 月，果期约 10 月。

◎**分布：** 产云南凤庆、景东、新平、建水、元阳、金平、屏边等地。

◎**生境和习性：** 生于海拔 1800 ～ 2350m 的山坡、箐沟密林下、竹林下的路旁、坡边或小溪边。

◎**观赏特性及园林用途：** 株丛密集，花型独特优雅，是很好的观花灌木，适合栽植于林下、水边。

青荚叶

Helwingia japonica

山茱萸科　青荚叶属

别名：叶上珠，大部参，阴证药

形态特征：灌木，高 1 ～ 2m；树皮深褐色或淡黑色；枝条纤细，绿色，叶痕显著。叶薄纸质，卵形或倒卵状椭圆形，长 4 ～ 13cm，宽 2 ～ 5cm，顶端渐尖，基部阔楔形或圆形，边缘具细锯齿，齿端成芒刺状，叶面暗绿色，背面紫绿色，两面均无毛，中脉在叶面微凹，在背面突起；花小，淡绿色；花萼小，花瓣 3 ～ 5，三角状卵形，镊合状；雄花通常 10 ～ 12 朵组成密伞花序；雌花常单生，稀 2 ～ 3 朵组成密伞花序。果实黑色，具 5 棱，长 7 ～ 8mm，直径 6 ～ 9mm，着生于叶面的基部；种子 3 ～ 5。花期 4 ～ 5 月，果期 7 ～ 9 月。

◎**分布：**云南广布；陕西、安徽、浙江、江西、湖北、湖南、广西、贵州、四川、西藏亦有。

◎**生境和习性：**生于海拔 1400 ～ 3200m 的杂木林中。

◎**观赏特性及园林用途：**罕见的叶上开花、结果，可植于庭园观赏。

小株木

Swida paucinervis

山茱萸科　梾木属

别名： 水棕子，乌金草，穿鱼条

形态特征： 落叶灌木，通常高达2m；树皮光滑，灰黑色。叶对生，纸质，椭圆形披针状、披针形，稀长圆状卵形，长3.5～5.5cm，宽1～2.5cm，顶端钝尖或渐尖，基部楔形，全缘，叶面深绿色，散生平贴短柔毛，背面淡绿色，密被平贴柔毛，无乳突，侧脉常为3对，偶有2对或4对。伞房状聚伞花序顶生；花小，白色至淡黄色，直径9～16mm；花萼4齿裂，花瓣4，狭卵形至披针形；雄蕊4。核果圆形，直径约4mm，成熟时黑色；核骨质，近圆形，具6条不明显肋纹。花期7月，果期9月。

◎**分布：** 产云南昆明、嵩明、安宁、楚雄、大理、泸水、昭通、盐津、砚山；甘肃、陕西、江苏、湖北、湖南、福建、广西、贵州、四川均有分布。

◎**生境和习性：** 生于海拔520～2400m的沟边、河边石滩上。

◎**观赏特性及园林用途：** 叶片翠绿，白色小花呈伞房状聚生枝顾，有独特的观赏韵味。其根系发达，枝条具超强的生根能力，可片植于溪边、河岸带固土。可丛植于草坪、建筑物前和常绿树间作花灌木，亦可自然式栽植作绿篱。

沙　针

Osyris wightiana

檀香科　沙针属

别名：香疙瘩

形态特征：直立灌木，枝条伸展，高2～3m，幼枝淡绿色，具棱纹。叶螺旋式散生在小枝近顶端处，椭圆形至披针形，长2.5～4.5cm，宽1～1.5cm，顶端锐尖，基部楔形，全缘，近厚纸质，叶面绿色，背面稍淡，两面无毛；脉不显；叶柄基部下延，于小枝处留棱迹。腋生杂性小花，黄绿色，雄花呈聚伞花序；花被裂片3～4枚，三角形，雄蕊4枚，少有3枚，花丝短，着生于裂片基部，药室2，花盘有角，三角形；雌花单生于叶腋内，具短柄，苞片2枚，无毛，花被裂片3～4，镊合状排列，稍厚；柱头3裂，子房近圆锥形，外面被微柔毛，1室，胚珠2～4枚，仅有1枚发育。浆果状核果，球形，内果皮脆；胚乳丰富，粉质，含油脂。

◎**分布**：产云南各地；西藏东南部、四川南部及贵州、广西等地亦有。

◎**生境和习性**：生于海拔1550～2500m的灌丛及松栎林缘。

◎**观赏特性及园林用途**：浆果熟时橘红色，秀美可爱。可作为庭院观赏植物开发。

刺果卫矛

Euonymus acanthocarpus

卫矛科　卫矛属

形态特征： 灌木，直立或藤本，高 2 ～ 3m；小枝密被黄色细疣突。叶革质，长方椭圆形、长方卵形或窄卵形，少为阔披针形，长 7 ～ 12cm，宽 3 ～ 5.5cm，先端急尖或短渐尖，基部楔形、阔楔形或稍近圆形，边缘疏浅齿不明显，侧脉 5 ～ 8 对，在叶缘边缘处结网，小脉网通常不显；叶柄长 1 ～ 2mm。聚伞花序较疏大，多为 2 ～ 3 次分枝；花序梗扁宽或四棱，第一次分枝较长，通常 1 ～ 2cm，第二次稍短；小花梗长 4 ～ 6mm；花黄绿色，直径 6 ～ 8mm；萼片近圆形；花瓣近倒卵形，基部窄缩成短爪；雄蕊具明显花丝；子房有柱状花柱。蒴果成熟时棕褐带红，近球状，直径连刺 1 ～ 1.2mm，刺密集，针刺状，基部稍宽，长约 1.5mm；种子外被橙黄色假种皮。

◎**分布：** 产云南昆明、保山、文山、红河、丽江、大理、怒江和迪庆等地；分布于华南、华中及西藏等省区。

◎**生境和习性：** 生于海拔 700 ～ 3200m 的林地与山坡，常见。

◎**观赏特性及园林用途：** 入秋果实和种子红艳可爱，果实具较密的刺，较为奇特。适合植于庭院和公园观赏。

板凳果

Pachysandra axillaries

黄杨科　板凳果属

别名：金丝矮陀，草本叶上花，白金三角草

形态特征：常绿或半常绿亚灌木，茎直立，具有平卧根状茎，高 25 ～ 130cm。叶阔卵形，坚纸质，长 6 ～ 112cm，宽 5 ～ 18cm，顶端短渐尖，基部截形或近心形，稀至楔形，边缘具较深的粗锯齿，下部有时全缘，叶近无毛，叶背被微柔毛，沿脉长而较密。花单性，粉红色，组成腋生具柄的穗状花序，短而稀疏，卵圆形，长 1 ～ 12cm，上部有 5 ～ 110 朵雄花，基部有 1 ～ 12 朵雌花。雄花：近无柄，具 1 小苞片；萼片 4 枚，排列 2 轮；雄蕊 4 枚，与萼片对生。雌花：比雄花较长，基部具 2 苞片；萼片 5 枚。果核果状，由淡黄转粉红，成熟时红色，老果开裂，顶端具有 3 个宿存花柱。花期 2 月，果期 9 月。

◎**分布：**分布于滇西北（贡山）、西南（漾濞至龙陵），金沙江中流（宾川至禄劝）；我国四川亦有分布。

◎**生境和习性：**生于海拔 1700 ～ 2400（～ 3000）m 的山坡、沟边和林下，有时成片。

◎**观赏特性及园林用途：**叶四季常绿，果实红艳，适合用作林下地被植物。

雀舌黄杨

Buxus bodinieri

黄杨科　黄杨属

别名：黄杨木，大样满天星

形态特征： 灌木，高3～4m；枝圆柱形；小枝四棱形，被短柔毛，后变无毛。叶薄革质，通常匙形，亦有狭卵形或倒卵形，大多数中部以上最宽，长2～4cm，宽8～18mm。花序腋生，头状，密集。蒴果卵形，宿存花柱直立。花期2月，果期5～8月。

◎**分布：** 产云南凤庆、景东、西畴、砚山、麻栗坡；昆明、丽江、腾冲亦有栽培。

◎**生境和习性：** 生于海拔1200～2700m的山谷河边。

◎**观赏特性及园林用途：** 植株低矮，枝叶繁茂，叶形别致，四季常青，耐修剪，是优良的矮篱材料，常用作模纹图案或布置花坛边缘，也可用来点缀草地、山石，或盆栽、制成盆景观赏。

野扇花

Sarcococca ruscifolia

黄杨科　野扇花属

别名：野樱桃，万年青，清香桂

形态特征：灌木，每年自根部抽出新条，高 0.5 ～ 1.2m；小枝绿色，薄被柔毛。叶近革质，卵圆形至卵状披针形，长 3 ～ 5cm，宽 1.5 ～ 2.5cm，端狭渐尖，基部圆形或短楔形，叶面光亮，近基三出脉，叶背中脉隆起，侧脉不明显；叶柄长 3 ～ 5mm。总状花序腋生，上部为雄花，下部为雌花，或全为雌花，稀全为雄花，约有 4 花，稀更多，开花前下垂；苞片卵圆形，锐尖，花乳白色，极芳香。雄花：具 2 枚小苞片；萼片 4 枚，阔卵状椭圆形。雌花：苞片苍绿色；萼片 6 枚，比雄花萼片窄，锐尖。果为核果状，球形，猩红色，直径 7 ～ 8mm。种子多半单个，黑亮，长约 5mm。花果期 10 ～ 12 月。

◎**分布：**产滇中、西北及东南等地区；我国湖北西部、四川、贵州亦有分布。

◎**生境和习性：**生于海拔 1200 ～ 1900m 的杂木林下，喜生石灰岩区。

◎**观赏特性及园林用途：**叶光亮常绿，花芳香，果红艳，宜植于庭园或盆栽观赏。

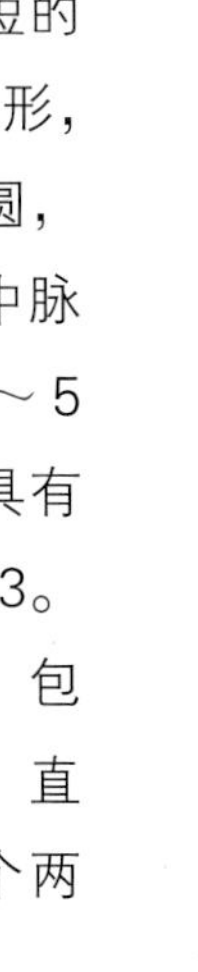

越南叶下珠

Phyllanthus cochinchinensis

大戟科　叶下珠属

形态特征： 灌木，高达 3m。小枝具棱，被黄褐色短柔毛。叶互生或 3～5 枚着生于小枝极短的凸起处，叶片厚纸质，倒卵形、长倒卵形或匙形，长 1～2cm，宽 0.6～1.3cm，先端钝或圆，少数凹缺，基部渐窄，边缘干后略背卷，中脉两面稍凸起，侧脉不明显。花雌雄异株，1～5 朵着生于叶腋垫伏凸起处，凸起处的基部具有多数苞片；雄花：通常单生；萼片 6；雄蕊 3。雌花：单生或簇生，萼片 6；花盘近坛状，包围子房约 2/3；子房圆球形。蒴果圆球形，直径约 5mm，具 3 纵沟，成熟后开裂成 3 个两瓣裂的分果片。花果期 4～12 月。

◎**分布：** 产云南景东、镇康、凤庆、耿马、大理、丽江、禄劝、昆明；分布于西藏、四川、广西、广东、海南、福建等省区。印度、越南、柬埔寨和老挝等也有。

◎**生境和习性：** 生于海拔 2001～3000m 的山坡灌丛、山谷疏林下或林缘。

◎**观赏特性及园林用途：** 可观叶、观果，可植于假山旁或作盆栽观赏。

马甲子

Paliurus ramosissimus

鼠李科　马甲子属

别名： 白棘，铜钱树

形态特征： 灌木。小枝褐色或深褐色，被短柔毛。叶片纸质，宽卵形、卵状椭圆形或近圆形，长 3～6（7）cm，宽 2～5cm，先端钝或圆形，基部宽楔形，楔形或近圆形，稍偏斜，边缘具钝细锯齿或细锯齿，稀上部近全缘，上面沿脉被棕褐色短柔毛，幼叶下面密生棕褐色细柔毛；叶柄被毛，基部有 2 个紫红色斜向上的直立的针刺，长 4～17mm。腋生聚伞花序，被黄色绒毛；萼片宽卵形；花瓣匙形，短于萼片，长 1～1.5mm，宽 1mm；雄蕊与花瓣等长或略长于花瓣。核果杯状，被黄褐色或棕褐色绒毛，周围具木栓质 3 浅裂的窄翅，直径 1～1.7cm，长 7～8mm；果梗被棕褐色绒毛。花期 5～8 月，果期 9～10 月。

◎**分布：** 产云南富宁、罗平、西畴、麻栗坡等地；分布于四川、贵州、广西、广东、台湾、福建、湖北、湖南、江西、安徽、浙江、江苏。朝鲜、日本、越南也有。

◎**生境和习性：** 生于海拔 2000m 以下的山地林缘或灌木林中。

◎**观赏特性及园林用途：** 因有锐刺，是优良刺篱材料，常栽培作绿篱围护果园等场地，叶、花、果均可观赏。

铁马鞭

Rhamnus aurea

鼠李科　鼠李属

别名：云南鼠李

形态特征：多刺矮小灌木。幼枝和当年生枝被细短毛，小枝粗糙，灰褐色或黑褐色，互生或兼近对生，枝端有针刺。叶片纸质或近革质，互生，或在短枝上簇生，椭圆形、倒卵状椭圆形或倒卵形，稀长圆形，长1～2cm，宽0.5～1cm，先端钝或圆形，稀微凹，基部楔形，边缘常反卷，具细锯齿，上面被短柔毛，下面特别沿脉被基部疣状的密短柔毛；侧脉3～4对，上面多少下陷，下面凸起；叶柄被密短柔毛。花单性，3～6个簇生于短枝端，4基数，花瓣与雄蕊近等长。核果近球形，黑色，直径3～4mm，基部有宿存的萼筒，具2分核。花期4～6月，果期5～8月。

◎**分布**：产云南大理、宾川、大姚、昆明、安宁、嵩明；分布于陕西、甘肃、江苏、安徽、浙江、江西、福建、湖北、湖南、广东、四川、贵州、西藏等省区。

◎**生境和习性**：生于海拔1800～2400m的山坡灌丛或林下。

◎**观赏特性及园林用途**：叶片、果实秀雅可爱，株型奇曲，可用作地被植物，或与假山相配，也是制作盆景的优良材料。

荷包山桂花

Polygala arillata

远志科　远志属

别名： 黄花远志，白糯消，鸡肚子根

形态特征： 灌木或小乔木，高 1 ～ 5m。叶纸质，椭圆形、矩圆状椭圆形至矩圆状披针形，长 4 ～ 12cm，宽 2 ～ 6cm。总状花序与叶对生，花黄色或先端带红色，长 15 ～ 20mm；外轮萼片 3，甚小，内轮萼片 2，花瓣状；花瓣 3，中间龙骨瓣背面顶部有细裂成 8 条鸡冠状附属物，两侧的花瓣 2/3 部分与花丝鞘贴生；雄蕊 8，花丝下部 3/4 合生成鞘。蒴果略呈心形，长 7 ～ 9mm；种子 2，除假种皮外，密被白色微毛。花期 4 ～ 11 月，果期 5 ～ 11 月。

◎**分布：** 云南全省各地均产之；分布于西南各省、陕西、湖北、江西、安徽、福建、广东等省区。

◎**生境和习性：** 生于海拔（700 ～）1000 ～ 2800（～ 3000）m 的石山林下。

◎**观赏特性及园林用途：** 开花时总状花序下垂，黄花绿叶相映成趣，花期长，单枝花序花期 40 ～ 50d，果实和种子奇特美丽，是具有良好开发前景的园林绿化新树种。可用于道路、公路、住宅小区等环境的绿化美化。

黄花倒水莲

Polygala fallax

远志科　远志属

别名：假黄花远志，倒吊黄

形态特征：灌木或小乔木，高 1 ～ 3m。枝圆柱形，灰绿色，密被长而平展的短柔毛。叶膜质，披针形至椭圆状披针形，长 8 ～ 17（～ 20）cm，宽 4 ～ 6.5cm，先端渐尖，基部楔形至钝圆，全缘，上表面深绿色，背面淡绿色，两面均被短柔毛；主脉在上表面凹陷，在背面隆起，侧脉每边 8 ～ 9 条，背面突起，叶柄上面具槽。总状花序顶生或腋生，长 10 ～ 15cm，直立，花后延长，下垂，可达 30cm；花长 15 ～ 17mm，萼片 5 枚，早落，外面 3 枚小，里面 2 枚大，花瓣状；花瓣 3 枚，纯黄色，侧生花瓣长圆形，长约 10mm，2/3 以下与龙骨瓣合生，先端几乎截形，基部向萼面呈盔状延长；龙骨瓣盔状，长 12mm，鸡冠状附属物具柄，流苏状，长约 3mm；雄蕊 8 枚。蒴果阔倒心形至圆形，绿黄色。花期 5 ～ 8 月，果期 8 ～ 10 月。

◎**分布：**产云南南部（西双版纳易武）和云南东南部（马关、西畴、富宁）；分布于福建、江西、湖南、广东、广西等省区。

◎**生境和习性：**生于海拔（360 ～）1150 ～ 1650m 的山谷林下水旁阴湿处。

◎**观赏特性及园林用途：**花序下垂，黄花绿叶相映成趣，花期长，单枝花序花期 40 ～ 50d，果实和种子奇特美丽，是具有良好开发前景的园林绿化新树种。可用于道路、公路、住宅小区等环境的绿化美化。

清香木

Pistacia weinmanniifolia

漆树科　黄连木属

别名：对节皮，清香树，昆明乌木

形态特征：灌木或小乔木，高 2 ～ 8m，稀达 10 ～ 15m；树皮灰色，小枝具棕色皮孔，幼枝被灰黄色微柔毛。偶数羽状复叶互生，有小叶 4 ～ 9 对，叶轴具狭翅；小叶革质，长圆形或倒卵状长圆形，较小，长 1.3 ～ 3.5cm，宽 0.8 ～ 1.5cm，先端微缺，具芒刺状硬尖头，基部略不对称，阔楔形，全缘，略背卷，两面中脉上被极细微柔毛，侧脉在叶面微凹，在叶背明显突起；小叶柄极短。花序腋生，与叶同出，被黄棕色柔毛和红色腺毛；花小，紫红色，无梗；雄花：花被片 5 ～ 8，长圆形或长圆状披针形，长 1.5 ～ 2mm；雄蕊 5，稀 7，花丝极短；雌花：花被片 7 ～ 10；花柱极短，柱头 3 裂。核果球形，长约 5mm，径约 6mm，成熟时红色，先端细尖。

◎**分布：**产云南全省各地；我国西藏东南部、四川西南部和贵州西南部亦有，贵州新纪录。

◎**生境和习性：**生于海拔（580 ～）1000 ～ 2700m 的山坡、狭谷的疏林或灌丛中，石灰岩地区及干热河谷尤多。

◎**观赏特性及园林用途：**枝叶密集、叶片油绿翠嫩，适合作庭院种植、绿篱或盆栽，亦可作地被。

鹅掌柴

Schefflera octophylla

五加科　鹅掌柴属

别名：鸭脚木，鸭母树

形态特征：乔木或灌木，高 3 ～ 15cm。叶有小叶 5 ～ 9，叶柄圆柱形，长 6 ～ 20cm；小叶革质或纸质，椭圆形、卵状椭圆形或长圆状椭圆形，长 7 ～ 17cm，宽 3 ～ 10cm，先端急尖至短渐尖，基部楔形至近圆形，全缘，幼时两面被星状短柔毛，后渐脱落至几无毛，侧脉 7 ～ 10，在上面微明显，在下面微突起；小叶柄不等长，长 1 ～ 4cm，无毛。伞形花序聚生成大圆锥花序顶生，长 20 ～ 35cm，侧枝成总状花序排列，长 5 ～ 20cm；伞形花序有多花；花小，白色，直径 4 ～ 5mm；花瓣 5；雄蕊 5。果圆球形，直径 4 ～ 5mm。花期 2 ～ 3 月，果期 5 ～ 6 月。

◎**分布：**产云南南部（勐腊、景洪、勐海、思茅、景东）、东南部（富宁）；亦分布于浙江、福建、台湾、广东、广西等省区。

◎**生境和习性：**生于海拔 210 ～ 1250m 的森林中。喜温暖、湿润和半阴环境。在 30℃以上高温条件下仍能正常生长，冬季温度低于 5℃的地区易受冻。

◎**观赏特性及园林用途：**植株紧密，树冠整齐优美，可作园林中的掩蔽树种，也可作为绿篱和地被植物。

梁王茶

Nothopanax delavayi

五加科　梁王茶属

别名： 掌叶梁王茶，台氏梁王茶

形态特征： 灌木，高 1 ～ 5m；茎干灰褐色，有稀疏的皮孔。叶一般为具 3 ～ 5 小叶（稀 2 或 7）的掌状复叶，少为单叶，革质，较集中地生于枝的先端；叶柄纤细，长 4 ～ 12cm，无毛有条纹；小叶披针形至狭披针形，长 6 ～ 12cm，宽 1 ～ 2.5cm，先端渐尖至尾状渐尖，基部窄楔形，边缘近全缘至有粗锯齿，侧脉在两面不明显，无毛；小叶无柄或具短柄。花序为顶生的伞形花序组成总状花序或圆锥花序，长 5 ～ 18cm；花序轴具条纹；伞形花序有花 7 ～ 15 朵，直径约 2cm；花白绿色或黄绿色；花萼边缘有小的 5 齿；花瓣 5，三角状卵形，长 1.5mm；雄蕊 5，花柱 2。果近圆球形，侧扁，直径 2 ～ 3mm，花柱宿存。花期 9 ～ 10 月，果期 12 月至次年 1 月。

◎**分布：** 产云南西北部（宾川、邓川、洱源、丽江、维西、中甸、贡山、德钦、鹤庆、兰坪）、北部（大姚）、中部（昆明、武定、禄劝、嵩明、玉溪、富民）、东北部（寻甸）、东南部（石屏、富宁）、西南部（永平、镇康）；亦分布于四川、贵州等省。

◎**生境和习性：** 生于海拔 1700 ～ 3000m 的山谷阔叶林或混交林中。喜温暖湿润气候。

◎**观赏特性及园林用途：** 株丛紧凑，叶形独特，四季常绿，可植于庭院观赏或盆栽。

牛角瓜

Calotropis gigantean

萝藦科　牛角瓜属

别名：羊浸树，断肠草

形态特征：直立灌木，高达3m，全株有乳汁；幼枝被灰白色绒毛。叶倒卵状长圆形或椭圆状长圆形，长8～20cm，宽3.5～9.5cm，顶端急尖，基部心形，两面被灰白色绒毛，老渐无毛；侧脉每边4～6条，疏离；叶柄极短，有时叶基部抱茎。聚伞花序伞形状，腋生和顶生；花序梗和花梗被白色绒毛；萼片卵圆形；花冠紫蓝色，辐状，直径3～4cm，花冠裂片卵圆形，长1.5cm，宽1cm，顶端急尖；副花冠比合蕊柱短，裂片顶端内凹；花粉块长圆状，下垂。蓇葖果单生，膨胀，端部外弯，长7～9cm，直径3cm，被短柔毛；种子广卵形，长5mm，宽3mm，顶端的种毛长2.5cm。花期和果期几乎全年。

◎**分布：**产云南元江、巧家、建水、南华、昆明、马关、西双版纳等地；分布于四川、广西、广东。

◎**生境和习性：**生于低海拔向阳山坡、旷野地。

◎**观赏特性及园林用途：**果形奇特如牛角，花、叶也具有较高观赏性，可种植于花坛或盆栽观赏。

紫　珠

Callicarpa bodinieri

马鞭草科　紫珠属

别名：老鸦胡，大叶鸦鹊饭，珍珠风

形态特征：灌木，高约 2m；小枝圆柱形，被灰黄色星状绒毛。叶纸质，卵形或椭圆形，长 8 ～ 16cm，宽 3 ～ 7cm，先端渐尖或长渐尖，基部楔形，边缘具细锯齿，叶表面疏被微柔毛，叶背被灰黄色星状毛，两面密生暗红色腺点，侧脉 8 ～ 10 对，中脉、侧脉和细脉在叶背隆起，叶背黄绿色。聚伞花序径约 4cm，4 次分歧，被灰黄色星状绒毛；花序柄纤细，长约 1cm；苞片线形；花萼钟状，外面被灰色星状毛，具暗红色腺点；花冠紫色，长约 3.5mm，被灰色星状毛，具暗红色腺点；花丝伸出花冠之外。果圆球形，直径约 1.7mm，无毛，成熟时紫色。花期 5 ～ 7 月，果期 8 ～ 11 月。

◎**分布：**产云南西部至西南部、南部（包括西双版纳）及西畴、富民、镇雄等地；我国陕西（南部）、河南（南部）至长江以南各省广布。

◎**生境和习性：**生于海拔 600 ～ 2300m 的疏林、林缘及次生灌丛中。

◎**观赏特性及园林用途：**植株矮小，入秋紫果累累，果实色美而有光泽，状如玛瑙，为庭园中美丽的观果灌木。植于草坪边缘、假山旁、常绿树前效果均佳；也非常适宜于基础栽植；果枝常作切花材料。

大叶紫珠

Callicarpa macrophylla

马鞭草科　紫珠属

别名：羊耳朵树，豆丝叶，豆树

形态特征：灌木至小乔木，高 3 ～ 5m；小枝近四方形，暗灰色，密被灰白色树枝状长绒毛。叶大型，椭圆形或长圆形，长 14 ～ 24cm，宽 6 ～ 8.5cm，先端渐尖，基部阔楔形至钝圆，边缘具细圆齿，叶表面被微柔毛或仅沿脉上被毛，叶背密被灰白色树枝状长绒毛，两面具黄色腺点，侧脉 12 ～ 15 对，细脉在叶面微凹；叶柄粗壮，长 1 ～ 1.4cm，密被灰白色树枝状长绒毛。聚伞花序宽大，宽 5 ～ 8cm，6 次分歧，密被灰白色树枝状长绒毛；苞片线形；花萼杯状，被灰白色星状毛，具黄色腺点；花冠紫色，略被微柔毛，具黄色腺点，长约 2.5mm。果径约 2mm，成熟时紫色。花期 4 ～ 7 月，果期 8 ～ 11 月。

◎**分布：**产云南西南部、南部至东南部；我国贵州、广西、广东亦有。

◎**生境和习性：**生于海拔 100 ～ 2000m 的疏林下和灌丛中。

◎**观赏特性及园林用途：**植株圆整，花粉紫色，入秋紫果累累，色美而有光泽，状如玛瑙，为庭园中美丽的观花、观果灌木。

狭叶红紫珠

Callicarpa rubella f. *angustata*

马鞭草科　紫珠属

别名：细米油珠，漆大白，斑鸠钻

形态特征：灌木，小枝密被灰黄色星状绒毛。叶狭披针形或倒披针形，长 8～14cm，宽 2～4cm，先端长渐尖，基部心形，边缘具细锯齿，叶表面被微柔毛，叶背密被灰色星状毛；花序密被星状绒毛。

◎**分布：**产云南东南部（玉溪、红河、文山）、南部（思茅、西双版纳）、西南部（德宏、临沧）至西部（漾濞、保山）、西北部（怒江）；我国四川（西南部）、贵州（西南部）、广西（西南和东南部）、广东均产。

◎**生境和习性：**生于海拔 700～3500m 的林内或灌丛中。

◎**观赏特性及园林用途：**植株矮小，入秋紫果累累，色美而有光泽，状如玛瑙，为庭园中美丽的观果灌木。植于草坪边缘、假山旁、常绿树前效果均佳；也非常适宜于基础栽植；果枝常作切花。

赪　桐

Clerodendrum japonicum

马鞭草科　大青属

别名： 急心花，臭牡丹，红花臭牡丹

形态特征： 灌木，高达 4m。小枝有绒毛。叶卵圆形，长 10～35cm，端尖，基心形，缘有细齿，表面疏生伏毛，背面密具锈黄色腺体。聚伞花序组成大型的顶生圆锥花序，长 15～34cm；花萼大红色，5 深裂；花冠鲜红色，筒部细长，顶端 5 裂并开展；雄蕊长达花冠筒的 3 倍，与雌蕊花柱均突出于花冠外。果近球形，蓝黑色；宿萼增大，初包被果实，后向外反折呈星状。花果期 5～11 月。

◎**分布：** 产云南盈江、潞西、镇康、双江、西双版纳、蒙自、金平、河口、文山、麻栗坡、西畴、富宁等地；我国四川、贵州、广西、广东、江西、福建、浙江也有分布。

◎**生境和习性：** 生于海拔 100～1200（～1600）m 的疏、密林中，也见于村边路旁，通常生长在较为阴湿的地方。

◎**观赏特性及园林用途：** 花朵艳丽如火，花果期长，是极好的观赏花木。主要用于公园、楼宇、人工山水旁的绿化，成片栽植效果极佳。华南、上海、南京等地庭园有栽培，华北多于温室栽培观赏。

臭牡丹

Clerodendrum bungei

马鞭草科　大青属

别名： 紫牡丹，红臭牡丹，臭芙蓉

◎**分布：** 产云南维西、中甸、丽江、腾冲、漾濞、大理、禄丰、昆明、屏边、麻栗坡、文山、砚山、盐津等地；分布于我国华北、陕西至江南各省。

◎**生境和习性：** 生于海拔（520 ～）1300 ～ 2600m 的山坡杂木林缘或路边。

◎**观赏特性及园林用途：** 花朵艳丽如火，花果期长，是极好的观赏花木。主要用于公园、楼宇、人工山水旁的绿化，成片栽植效果极佳。

形态特征： 灌木，高 1 ～ 2m，植株有臭味；小枝近圆形，表面有突起的皮孔。叶宽卵形或心形，长 11 ～ 19cm，宽 7 ～ 15cm，顶端渐尖，基部宽楔形、截形或有时心形，边缘有锯齿或稍呈波状，叶面散生短柔毛，基部三出脉腋有数个盘状腺体；叶柄长 3 ～ 8cm。聚伞花序密集成伞房状，顶生，花序梗上有苞片脱落遗痕；苞片叶状，披针形或卵状披针形。花萼漏斗状，长 4 ～ 6mm，被短柔毛及少数盘状或疣状腺体；花冠红色或玫瑰红色，管长 2 ～ 2.5cm，裂片倒卵形，长约 6mm；雄蕊及花柱突出于花冠外。核果近球形，直径 6 ～ 8mm，通常分裂为 1 ～ 3 个小坚果，宿存花萼增大，绿紫色，包于果的一半以上。花期 7 ～ 11 月，果期 9 月以后。

滇常山

Clerodendrum yunnanense

马鞭草科　大青属

别名：乌药，臭牡丹，臭马缨

形态特征： 灌木，高1～3m；植株有臭气；幼枝近于圆形，密被黄褐色绒毛，老枝上有皮孔。叶宽卵形或心形，长4.5～14cm，宽4～10cm，顶端渐尖，基部圆形或截形，有时心形，边缘具不规则的粗齿或有时近于全缘，叶面密被柔毛，背面被淡黄色或黄褐色绒毛，叶片有臭气；叶柄密被黄褐色绒毛。聚伞花序密集，排列成伞房状，顶生，花序梗以至花梗密被绒毛。花萼漏斗状，红色，长6～9mm，被绒毛和少数腺体，花冠白色至浅红色，管短，内藏于花萼，很少稍伸出，雄蕊及花柱伸出花冠外。核果近球形，蓝黑色，直径约7mm，宿存花萼增大，红色，包于果的大部分。花期4～7月，果期7～10月。

◎**分布：** 产滇东南（文山）、滇中及滇西（大理）以北各县；我国四川西南部（海拔1980～3200m）也有分布。

◎**生境和习性：** 生于海拔1900～2800m的山坡疏林下或山谷沟边灌木林中，通常生长于比较润湿的地方，甚为常见。

◎**观赏特性及园林用途：** 叶片硕大浓绿，花序大而显著，花期长，蓝黑色的果实叶很有观赏性，是极好的观赏花木。可孤植于草地、路旁或林缘。

米团花

Leucosceptrum canum

唇形科　米团花属

别名： 渍糖花，渍糖树，羊巴巴

形态特征： 大灌木至小乔木，高 1.5 ～ 7m，树皮灰黄色或褐棕色，光滑，片状脱落；新枝被灰白色至淡黄色浓密绒毛。叶纸质或坚纸质，椭圆状披针形，长 10 ～ 23cm 或更长，宽 5 ～ 9cm 或更宽，顶部渐尖，基部楔形，边缘具浅锯齿或锯齿，有时几为圆齿，幼时两面被灰白色星状绒毛，背面被毛；叶柄密被绒毛。由假轮排列成稠密的穗状花序，圆柱形，顶生，长 10 ～ 13cm 或略长；苞片大，每苞片具花 3 朵，果时脱落；花萼钟形；花冠管状，白色、淡紫色或淡红色，长 8 ～ 9mm，裂片 5，二唇形，仅前面 1 片增大；雄蕊着生于花冠管中部；花丝纤细，伸出花冠一倍或更长。小坚果长圆状三棱形。花期 11 月至翌年 2 月，果期 2 ～ 5 月。

◎**分布：** 产滇中至滇南；我国西藏南部、东南部，四川西南部（木里）亦有。

◎**生境和习性：** 生于海拔 1000 ～ 1900m，有达 2600m 的撂荒地、路边及谷地溪边，或见于石灰岩的林缘小乔木或灌木丛中。

◎**观赏特性及园林用途：** 花序独特美观，早春开花，花期很长，为很好的蜜源植物。适合于公路边坡绿化。

驳骨丹

Buddleja asiatica

醉鱼草科　醉鱼草属

别名：水杨柳，白花洋泡，糠壳叶

形态特征：直立灌木，高 1 ～ 2m；幼枝、花序和叶背密被灰白色或淡黄色星状柔毛，有时极密成绵毛状。叶纸质，披针形或长披针形，长 7 ～ 18cm，宽 1.5 ～ 4.5cm，顶端长渐尖，基部渐窄而成楔形，全缘或有小锯齿，干时叶面黑褐色，无毛，主脉和侧脉略明显，背面突起；叶柄被毛。总状花序窄而长，由多数小聚伞花序组成，单生或 3 至数个聚生枝端或上部叶腋，再组成圆锥花序；花冠白色，芳香，近无柄，长 3 ～ 4mm，外面被毛稀疏或近光滑，裂片极短，钝头；雄蕊着生于花管中部。蒴果椭圆形，长 3 ～ 5mm。花期 10 月至翌年 2 月，果期 4 ～ 5 月。

◎分布：云南各地广布；分布于我国湖北、湖南、广东、广西、福建、四川、贵州、西藏。

◎生境和习性：生于海拔 30 ～ 2800m 的干旱荒坡、路旁。喜阳，耐旱、叶较耐寒。

◎观赏特性及园林用途：花序长，花朵芳香，早春开花，易招来蝴蝶翩翩起舞，美丽壮观。适合点缀草地或用作坡地、墙隅绿化美化。

大叶醉鱼草

Buddleja davidii

醉鱼草科　醉鱼草属

别名：绛花醉鱼草

形态特征：灌木，高 1 ～ 1.5m；嫩枝、叶背、花序均密被白色星状毛，小枝略四棱形。叶卵状披针形至披针形，长 5 ～ 20cm，宽 2 ～ 5cm，顶端渐尖，基部楔形，边缘疏生细锯齿，叶面无毛；叶柄长 3 ～ 4mm。总状圆锥花序由多数小聚伞花序组成，花梗长 5 ～ 6mm，被毛；花萼长 2 ～ 3mm，密被星状毛，裂片长三角形；花冠紫色，细而直立，长 7 ～ 10mm，宽 1 ～ 1.2mm，花冠管外面近无毛，具稀疏的金黄色腺点，内面基部具散生毛；裂片近圆形，长 2.5mm，宽 3mm，边缘具不整齐齿；雄蕊着生花冠管中部；柱头扁平。蒴果条状长圆形，长 6 ～ 8mm，宽 2 ～ 2.5mm。花期 6 ～ 7 月，果期 8 ～ 10 月。

◎**分布：**产云南盐津；分布于江苏、浙江、湖北、湖南、广西、陕西、甘肃、四川、贵州、西藏。

◎**生境和习性：**生于海拔 1300 ～ 2600m 的沟边、山坡灌丛中。耐旱、耐寒，喜光。

◎**观赏特性及园林用途：**花序长，花期长（可达 6 个月），花色丰富，有紫色、蓝色、粉色、白色、黄色等多样花色，花朵芳香，易招来蝴蝶翩翩起舞，十分美丽壮观。适合点缀草地或用作坡地、墙隅绿化美化，可装点山石、庭院、道路、花坛，也可作切花用。

密蒙花

Buddleja officinalis

醉鱼草科　醉鱼草属

别名： 蒙花，米汤花，糯米花

形态特征： 直立灌木，高达 1 ～ 3m；小枝略呈四棱形，密被灰白色星状毛。叶纸质，长圆形，长圆状披针形，长 5 ～ 18cm，宽 3 ～ 7cm，顶端渐尖，基部楔形，全缘或具不显著的小锯齿，叶面被疏星状毛，叶背特密，白色至污黄色。中脉和侧脉显著突起；叶柄长达 2cm，被毛。圆锥聚伞花序尖塔形生于较长的叶枝顶端，疏散，长 6 ～ 15cm，密被灰白色柔毛；花近无柄，白色或淡紫色，芳香，长 1 ～ 1.2cm；花萼外面被毛；花冠管长约 5mm，宽 1.5mm，外被稀疏星状毛和金黄色腺点，裂片近圆形，反折，花冠管内部疏生绒毛；雄蕊着生花冠管中部。蒴果卵圆形，长约 5mm，密被叉状毛，无宿存花柱。花期 1 ～ 3 月，果期 4 ～ 5 月。

◎**分布：** 云南广布；分布于陕西、甘肃、湖北、广东、广西、四川、贵州。

◎**生境和习性：** 生于海拔 700 ～ 2800m 山坡、河边杂木林中。喜阳，耐旱、叶较耐寒。

◎**观赏特性及园林用途：** 花序大，花朵芳香，早春开花，易招来蝴蝶翩翩起舞，美丽壮观。适合点缀草地或用作坡地、墙隅绿化美化，可装点山石、庭院、道路、花坛，也可作切花用。

皱叶醉鱼草

Buddleja crispa

醉鱼草科　醉鱼草属

别名：染饭花

形态特征：灌木，高 1 ～ 3m，幼枝近四棱形，老枝圆柱形；枝条、叶片两面、叶柄和花序均密被灰白色绒毛或短绒毛。叶对生，叶片厚纸质，卵形或卵状长圆形，在短枝上的为椭圆形或匙形，长 1.5 ～ 20cm，宽 1 ～ 8cm，顶端短渐尖至钝，基部宽楔形、截形或心形，边缘具波状锯齿；侧脉每边 9 ～ 11 条，均被星状绒毛覆盖；叶柄无翅至两侧具有被毛的长翅。圆锥状或穗状聚伞花序顶生或腋生；花萼外面和花冠外面均被星状短绒毛和腺毛；花萼钟状；花冠高脚碟状，淡紫色，近喉部白色，芳香，花冠管内面中部以上被星状毛；雄蕊着生于花冠管内壁中部或稍上一些。蒴果卵形，长 5 ～ 6mm，直径约 3mm。花期 2 ～ 8 月，果期 6 ～ 11 月。

◎**分布：**产于云南大部分地区；甘肃、四川和西藏等省区也有。

◎**生境和习性：**生于海拔 1600 ～ 4300m 山地疏林中或山坡、干旱沟谷灌木丛中。

◎**观赏特性及园林用途：**叶片有灰白色绒毛，颇为美观；花序淡紫，也有一定观赏性。可作为绿篱和盆栽植物开发。

长穗醉鱼草

Buddleja macrostachya

醉鱼草科　醉鱼草属

别名：大序醉鱼草，长穗醉鱼草，白叶子，羊巴巴叶

形态特征：灌木或小乔木，高达2～4m。小枝四棱形，具窄翅，密被短绒毛状星状毛。叶纸质，长圆状披针形，长达28cm，宽达7cm，顶端渐尖，基部楔形，叶面光滑，中脉凹陷，侧脉扁平而近横出，叶背密被星状毛，中脉突起，侧脉显著，叶缘具细齿。总状聚伞花序，密集成圆柱形，顶生或生于叶腋，长达33cm，侧生花序具短柄。花淡黄色或紫堇色，喉部橙黄色，芳香，具花柄；花萼钟形，外面密被星状毛；花冠早落，长9～13mm，外被绒毛状星状毛和金黄色腺点，花冠管里面的基部被毛；雄蕊着生花冠管近喉部。蒴果长卵形，直立不下垂。花期8～10月，果期12月至翌年1～2月。

◎分布：云南广布。

◎生境和习性：生于海拔1500～2800m的干旱山坡灌丛中。喜阳，耐旱，较耐寒。

◎观赏特性及园林用途：花序长而艳丽，花朵芳香，早春开花，花期很长，易招来蝴蝶翩翩起舞，美丽壮观。适合点缀草地或用作坡地、墙隅绿化美化。

管花木犀

Osmanthus delavayi

木犀科　木犀属

别名： 山桂花

形态特征： 常绿灌木，高 1 ～ 3m；小枝圆柱形，幼时密被灰黄色短柔毛。叶片厚革质，宽椭圆形或卵形，长 1 ～ 3cm，宽 0.8 ～ 2cm，先端急尖或钝，基部楔形，边缘具锐锯齿，叶面深绿色，除沿中脉被短柔毛外，其余无毛，背面色淡，无毛；中脉两面中部以下凸出，侧脉每边约 4 条，不明显。花 4 ～ 5 朵簇生于叶腋或枝顶，芳香；苞片宽卵形，具缘毛；花萼钟状，裂片 4；花冠白色，裂片 4，倒卵状椭圆形，长约 5mm，宽 2.5mm，先端圆；雄蕊 2，着生花冠管上部。果椭圆状卵形，长 7 ～ 10mm。直径 5 ～ 7mm，顶端有一小尖突，成熟时蓝黑色。花期 4 ～ 5 月，果期 6 ～ 10 月。

◎**分布：** 产滇西、滇西北、东北及中部等地；四川、贵州也有分布。

◎**生境和习性：** 生于海拔 2400 ～ 3100m 的高山灌丛或针叶林下。

◎**观赏特性及园林用途：** 终年常绿，枝繁叶茂，春季开花，芳香四溢。适合栽植于庭院或盆栽观赏。

尖叶木樨榄

Olea europaea spp. *cuspidate*

木犀科　木犀榄属

别名：锈鳞木犀榄

形态特征：常绿灌木或小乔木；嫩枝具纵槽，密被锈色鳞片。单叶对生，叶柄长3～5mm，被锈色鳞片；叶片革质，狭披针形至长圆状椭圆形，长3～10cm，宽1～2cm，先端渐尖，具长凸尖头，基部渐窄，叶缘稍反卷，两面无毛或在上面中脉被微毛，下面密被锈色鳞片。圆锥花序腋生；花序梗具棱，稍被锈色鳞片；苞片线形或鳞片状；花白色，两性；花萼杯状，齿裂；花冠长2.5～3.5mm，花冠管与花萼近等长，裂片椭圆形；子房近圆形，花柱短，与花冠管近等长，柱头头状。果宽椭圆形或近球形，长7～9mm，直径4～6mm，成熟时呈暗褐色。花期4～8月，果期8～11月。

◎**分布：**原产云南、四川、广西。

◎**生境和习性：**生于海拔600～2800m的林中。

◎**观赏特性及园林用途：**枝密叶浓、叶面光亮，树形美观，且生长快，萌芽力强，耐修剪，适应性强，可修剪成千姿百态的观赏树形，在南宁、湛江及广州东部表现良好，有较强抗热性和耐寒性。

长叶女贞

Ligustrum compactum

木犀科　女贞属

形态特征： 灌木或小乔木，高可达 12m；树皮灰褐色。枝黄褐色、褐色或灰色，圆柱形，疏生圆形皮孔，小枝橄榄绿色或黄褐色至褐色。叶片纸质，椭圆状披针形、卵状披针形或长卵形，花枝上叶片有时为狭椭圆形或卵状椭圆形，长 5 ～ 15cm，宽 3 ～ 6cm，先端锐尖至长渐尖，稀钝，基部近圆形或宽楔形，有时呈楔形，叶缘稍反卷，两面除上面中脉有时被微柔毛外，其余近无毛，侧脉 6 ～ 20 对，两面稍凸起。圆锥花序疏松，顶生或腋生。花冠长 3.5 ～ 4mm。果椭圆形或近球形，长 7 ～ 10mm，直径 4 ～ 6mm，常弯生，蓝黑色或黑色。花期 3 ～ 7 月，果期 8 ～ 12 月。

◎**分布：** 产云南昆明、富民、寻甸、丽江、德钦、维西、贡山、镇雄、禄劝等地；分布于湖北西部、贵州、四川、西藏东南部。

◎**生境和习性：** 生于海拔 1600 ～ 3000m 的山林内、林缘或山坡灌丛中。

◎**观赏特性及园林用途：** 枝叶清秀，四季常绿，夏日白花满树，是一种很有观赏价值的园林树种。可孤植于庭院、草地观赏，也是优美的行道树。

小　蜡

Ligustrum sinense

木犀科　女贞属

别名： 黄心柳，水黄杨，毛叶丁香

形态特征： 灌木或小乔木。小枝圆柱形，幼时被淡黄色短柔毛或柔毛，老时近无毛。叶片纸质或薄革质，卵形、椭圆状卵形、长圆状椭圆形至披针形，或近圆形，先端锐尖、短渐尖至渐尖，基部宽楔形至近圆形，叶表面疏被短柔毛或无毛，或仅沿中脉被短柔毛。圆锥花序顶生或腋生，塔形；花冠裂片长圆状椭圆形或卵状椭圆形。果近球形。花期3～6月，果期9～12月。

◎**分布：** 云南大部分地区有分布，生于山地疏林或路旁、沟边；我国长江以南各省区也有。

◎**生境和习性：** 生于海拔200～2600m的山坡、山谷、溪边、河旁、路边的密林、疏林或混交林中。喜光，稍耐阴；较耐寒；抗二氧化硫等多种有毒气体；耐修剪。

◎**观赏特性及园林用途：** 枝叶茂密，树形整齐，花密集而芳香。常栽培作绿篱或灌木球。

云南丁香

Syringa yunnanensis

木犀科　丁香属

形态特征：直立灌木，高 2～3m；幼枝红褐色，无毛或被微柔毛，有白色的皮孔。叶片纸质或近革质，椭圆形、倒卵状椭圆形至椭圆状披针形，长 3～9cm，宽 1.7～3.5cm，先端渐尖，基部楔形或宽楔形，边全缘，有微小短缘毛，叶面绿色，无毛或沿中脉被短柔毛，背面苍白，无毛；中脉叶面凹陷，侧脉 6～8 对。圆锥花序自顶芽发出，长 7～11cm，疏被白色短柔毛；花白色或粉红色，芳香；花萼钟状；花冠管长 6～8mm，在中部以上增粗，裂片 4，椭圆形，长约 3.5mm，宽 2.5mm，边缘微向内卷，顶端向内卷曲呈钩状；雄蕊 2，着生花冠管喉部稍下，柱头浅 2 裂。蒴果长椭圆形，表面光滑，先端尖。花期 5～7 月，果期 8～10 月。

◎**分布：**产云南漾濞、鹤庆、丽江、中甸、德钦、贡山、维西、巧家等地；四川西南部及西藏东南部也有。

◎**生境和习性：**生于海拔 2400～3700m 的山坡杂木林或灌丛草地。

◎**观赏特性及园林用途：**花洁白素雅，具有浓香，可栽植于庭园观赏。

云南黄馨

Jasminum mesnyi

木犀科　素馨属

别名： 迎春柳，阳春柳，迎春柳花

形态特征： 常绿攀援状灌木，高 1 ～ 3m；幼枝四棱形。叶对生，三出复叶，小叶片近革质，上面深绿色，下面浅绿，两面无毛；叶柄长约 1cm，腹面有沟槽；小叶长卵形或长卵状披针形，先端钝或圆，顶端有 1 小尖突，基部楔形；中脉叶面凹陷，背面凸出。顶生小叶较侧生者大，长 3 ～ 5cm，宽 1 ～ 2cm，具柄，柄长～ 2.5mm；侧生小叶长 2.5 ～ 3.5cm，宽 7 ～ 10mm，无柄；花单生叶腋，具梗；苞片 2 ～ 5 枚，叶状；花萼钟状，绿色，裂片 5 ～ 8；花冠黄色，直径 1.5 ～ 2.5cm，管长 1 ～ 1.2cm，裂片 6，有时为重瓣，倒卵状椭圆形，长 1.2 ～ 1.5cm，先端圆或钝；雄蕊 2，花丝扁平；柱头头状。花期 2 ～ 4 月。

◎**分布：** 产滇中、滇东南及西北部；原产贵州，现各地均有栽培。

◎**生境和习性：** 生于海拔 1300 ～ 2100m 的山坡林缘、灌丛或路边。

◎**观赏特性及园林用途：** 花密而艳丽，枝条柔美。最宜植于水边驳岸，细枝拱形下垂水面，倒影清晰；植于路缘、坡地及石隙等处均极优美。

矮探春

Jasminum humile

木犀科　素馨属

别名：小黄馨，小黄素馨，矮素馨

形态特征：灌木或小乔木，有时攀援，高 0.5 ～ 3m。小枝无毛或疏被短柔毛，棱明显。叶互生，复叶，有小叶 3 ～ 7 枚，通常 5 枚，小枝基部常具单叶；叶柄具沟；叶片和小叶片革质或薄革质，无毛或上面疏被短刚毛；小叶片卵形至卵状披针形，或椭圆状披针形至披针形，先端锐尖至尾尖，基部圆形或楔形，全缘，叶缘反卷；顶生小叶片长 1 ～ 6cm，宽 0.4 ～ 2cm，侧生小叶片长 0.5 ～ 4.5cm，宽 0.3 ～ 2cm。伞状、伞房状或圆锥状聚伞花序顶生，有花 1 ～ 10 朵；花多少芳香；花萼无毛或被微柔毛；花冠黄色，近漏斗状，花冠管长 0.8 ～ 1.6cm，裂片圆形或卵形。果椭圆形或球形，长 0.6 ～ 1.1cm，直径 4 ～ 10mm，成熟时呈紫黑色。花期 4 ～ 7 月，果期 6 ～ 10 月。

◎**分布：**产滇中、滇西及滇西北，分布于四川、甘肃、西藏东南部。

◎**生境和习性：**生于海拔 2000 ～ 3000m 的松林下、山坡灌丛或路边。

◎**观赏特性及园林用途：**花密而艳丽，叶片和枝条柔美。宜植于水边驳岸或假山，也可植于路缘、坡地及石隙等处。

来江藤

Brandisia hancei

玄参科　来江藤属

别名：蜜桶花，密札札，叶上花

形态特征：来江藤，灌木，高 2 ~ 3m。全株密被锈黄色星状绒毛，枝及叶上面逐渐变无毛。叶柄短，长约 5mm，有锈色绒毛；叶片革质，长卵形，长 3 ~ 10cm，宽 3.5cm，先端锐尖头，基部近心形，全缘。花单生于叶腋；花梗长 1cm，中上部有一对披针形小苞片，均有毛；花萼宽钟状；花冠橙红色，外被星状绒毛，长约 2cm，上唇宽大，2 裂，裂片三角形，下唇较短，3 裂，裂片舌状；雄蕊与上唇等长；子房卵圆形，与花柱均被星毛。蒴果卵圆形，略扁平，有短喙，具星状毛。花期 11 月至翌年 2 月，果期 3 ~ 4 月。

◎分布：产云南昆明、嵩明、武定、禄劝、玉溪、澄江、峨山、双柏、易门、大理、宾川、永平、保山、丽江、德钦、贡山、西畴、广南、麻栗坡、屏边；分布于我国西南、华中、华南。

◎生境和习性：生于海拔 1900 ~ 3300m 的石灰岩灌丛山坡、林缘、田边、公路旁。

◎观赏特性及园林用途：花冠奇特而鲜艳，为很好的蜜源植物，能吸引蜜蜂。可配植于庭院。

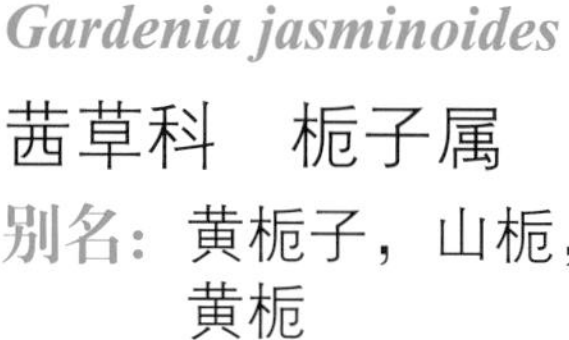

栀　子

Gardenia jasminoides

茜草科　栀子属

别名：黄栀子，山栀，黄栀

形态特征：灌木，高0.3～3m。嫩枝常被短柔毛。叶对生，稀3枚轮生，革质，罕纸质，叶通常为长圆状披针形、倒卵状长圆形、倒卵形或椭圆形，长3～25cm，宽1.5～8cm，先端渐尖、骤然长渐尖或短尖而钝，基部楔形或短尖，两面常无毛，叶面亮绿，背面色较暗，侧脉8～15对。花芳香，通常单朵生于枝顶；萼管有纵棱；花冠白色或乳黄色，高脚碟状，冠管喉部有疏柔毛，冠管长3～5cm，宽4～6mm，顶部5～8裂，通常6裂。果卵形、近球形、椭圆形或长圆形，黄色或橙红色，长1.5～7cm，直径1.2～2cm，有翅状纵棱5～9条，顶部有宿存萼片。花期3～7月，果期5月至翌年2月。

◎**分布**：产云南昆明、文山、富宁、河口、勐腊；四川、贵州、广西、广东、香港、海南、湖南、湖北、江西、浙江、福建、江苏、安徽、山东、台湾、河北、陕西、甘肃也有，野生或栽培。

◎**生境和习性**：生于海拔750～2000m处的山坡、山谷、丘陵的林中或灌丛。

◎**观赏特性及园林用途**：叶色亮绿，四季常绿，花大洁白，又有一定耐阴和抗有毒气体的能力，故为良好的绿化、美化、香化材料。可成片丛植或配置于林缘、庭前等地。

六月雪

Serissa japonica

茜草科　六月雪属

形态特征：灌木，高约60～90cm，有臭味。叶革质，卵形或倒披针形，长6～22mm，宽3～6mm，先端短尖或长尖，基部楔形，两面无毛；叶柄短。花单生或数朵丛生于小枝顶部或腋生；苞片被柔毛，边缘浅波状；花萼裂片锥形，被柔毛，比冠管短；花冠淡红色或白色，长6～12mm，花冠裂片扩展，先端3裂；雄蕊伸出冠管喉部外；花柱长伸出，柱头2，直，稍分开。花期5～7月。

◎**分布：**产云南石林、师宗、昆明、景洪；四川、广西、广东、香港、江西、福建、浙江、江苏、安徽等省区也有。

◎**生境和习性：**生于海拔900～1800m处的丘陵或旷野灌丛，也有栽培。性喜阴湿，喜温暖气候，在向阳而干燥处栽培，生长不良，对土壤要求不严，喜肥。

◎**观赏特性及园林用途：**树形纤巧，枝叶扶疏，夏日盛花，宛如白雪满树，玲珑清雅，枝叶茂密，树姿可塑性大。适宜作花坛境界，花篱和下木。

滇丁香

Luculia pinceana

茜草科　滇丁香属

别名： 藏丁香，中型滇丁香

形态特征： 灌木或乔木，高 2 ～ 10m，多分枝。小枝有明显的皮孔。叶纸质，长圆形、长圆状披针形或广椭圆形，长 5 ～ 22cm，宽 2 ～ 8cm，先端短渐尖或尾状渐尖，基部楔形或渐狭，全缘，叶面无毛，背面常较苍白，中脉在叶面平，在背面凸起，侧脉 9 ～ 14 对；托叶三角形。伞房状的聚伞花序顶生，多花；苞片叶状，线状披针形；总花梗无毛；花美丽，芳香；萼裂片近叶状，披针形；花冠红色，少为白色，高脚碟状，冠管长 2 ～ 6cm，花冠裂片近圆形，长 1.5 ～ 2.2cm，在每一裂片间的内面基部有两个片状附属物；雄蕊着生在冠管喉部。蒴果近圆筒形或倒卵状长圆形，有棱。花果期 3 ～ 11 月。

◎**分布：** 产云南镇雄、大关、嵩明、石林、丽江、福贡、泸水、鹤庆、洱源、大理、漾濞、巍山、宾川、昆明、大姚、楚雄、新平、元江、文山、马关、麻栗坡、西畴、富宁、蒙自、屏边、河口、金平、元阳、绿春、景东、景谷、澜沧、西盟、凤庆、临沧、双江、沧源、耿马、镇康、保山、腾冲、龙陵、盈江、梁河、潞西、陇川；西藏、贵州、广西也有。

◎**生境和习性：** 生于海拔 800 ～ 2800m 处的山坡、山谷溪边的林中或灌丛。

◎**观赏特性及园林用途：** 滇丁香是优良的观花树种，花色美丽且具芳香。可孤植、丛植或在路边、草坪、角隅等地成片栽植，也可与其他乔灌木尤其是常绿树种配植。

玉叶金花

Mussaenda pubescens

茜草科　玉叶金花属

别名： 白纸扇，白蝴蝶，白叶子

形态特征： 攀援灌木，嫩枝被贴伏短柔毛。叶对生或轮生，膜质或薄纸质，卵状长圆形或卵状披针形，顶端渐尖，基部楔形，上面近无毛或疏被毛，下面密被短柔毛；托叶三角形，深2裂，裂片钻形。聚伞花序顶生；苞片线形，有硬毛；花梗极短或无梗；花萼管陀螺形，被柔毛；常具1～2枚大型叶状苞片、圆形或广卵形，白色或淡黄白色。花冠黄色，花冠管外面被贴伏短柔毛，内面喉部密被棒形毛，花冠裂片长圆状披针形，渐尖，内面密生金黄色小疣突。花期6～7月。

◎**分布：** 产云南绥江、大关、师宗、新平、元江、峨山、文山、金平、绿春、思茅、勐腊、景洪、勐海、盈江、潞西、瑞丽；分布于贵州、广西、广东、香港、海南、湖南、江西、福建、浙江、台湾。

◎**生境和习性：** 生于海拔1200～1500m处的沟谷或旷野灌丛。

◎**观赏特性及园林用途：** 姿态优雅、花形美观，装饰性强，非常适宜于园林造景、花坛点缀、庭院美化和家庭盆植。

川滇野丁香

Leptodermis pilosa

茜草科　野丁香属

别名：长毛野丁香，小叶野丁香，细叶野丁香

形态特征：灌木，高 0.7 ～ 3m，分枝多而开展。嫩枝被短绒毛或短柔毛，老枝无毛，有片状纵裂的薄皮。叶假轮生，纸质或薄革质，卵形或长圆形，长 5 ～ 10mm，先端短尖、钝或圆，基部楔形或渐狭，两面被柔毛或叶背面近无毛，常有缘毛，侧脉 3 ～ 5 对；托叶阔三角形。聚伞花序顶生和近枝顶腋生，有花 3 ～ 7 朵；花无梗或具短梗；花萼长，2/3 ～ 3/4 合生；花冠淡紫色，漏斗状，稍弯，冠管长 9 ～ 13mm，外面密被短绒毛，内面被长柔毛，花冠裂片 5，内折，先端内弯；雄蕊 5，生于冠管喉部；柱头 3 ～ 5 裂。果长 4.5 ～ 5mm。花期 5 ～ 9 月，果期 9 ～ 10 月。

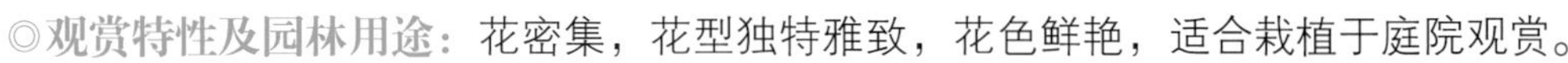

◎分布：产云南会泽、丽江、永胜、德钦、维西、中甸、贡山、兰坪、剑川、鹤庆、洱源、大理、昆明、禄劝、江川、蒙自、景东；分布于四川、西藏、湖北、陕西。

◎生境和习性：生于海拔 1640 ～ 3850m 处的山谷、山坡、山边、平地、溪边的林中、林缘或灌丛中。

◎观赏特性及园林用途：花密集，花型独特雅致，花色鲜艳，适合栽植于庭院观赏。

狭萼鬼吹萧

Leycesteria formosa var. *stenosepala*

忍冬科　鬼吹箫属

别名：鬼炮，水椽子，叉活活

形态特征： 灌木，高 1 ～ 2m，全体常被或疏或密的暗红色短腺毛；小枝、叶柄、花序梗、苞片和萼齿均被弯伏短柔毛。叶通常卵形、卵状矩圆形或卵状披针形，全缘，有时有疏生齿牙或不整齐、浅或深的缺刻，或羽状分裂。穗状花序通常顶生，稀腋生；苞片常带紫色或深紫色。萼裂片较狭长，披针形、条状披针形至条形，常 4 长 1 短或近等长或 3 长 2 短，短者 1 ～ 2mmm，长者 4 ～ 7mmm；花白色至粉红色或带紫红色。果实由红色或紫红色变黑色或紫黑色。

◎**分布：** 产除云南南部以外的全省各地；分布于贵州西部和西南部、西藏南部至东南部。

◎**生境和习性：** 生于海拔 1400 ～ 3500m 的山坡、山谷溪沟边、河边、林下或林缘灌丛中。

◎**观赏特性及园林用途：** 株型婆娑，叶片秀美，花白色至粉红色或带紫红色，果实由红色或紫红色变黑色或紫黑色，花、果均具有较高观赏性，可栽植于花坛、庭院。

桦叶荚蒾

Viburnum betulifolium

忍冬科　荚蒾属

别名： 酸果果，山杞子，对节子

形态特征： 落叶灌木或小乔木，高 2 ～ 5（7）m；小枝紫褐色或黑紫色，散生皮孔。叶片近坚纸质，通常卵形至菱状卵形、菱状宽倒卵形，稀为宽倒卵形，长 3.5 ～ 8.5（12）cm，宽 3 ～ 5.5（9）cm，先端锐尖至急短渐尖，基部宽楔形至圆形，边缘尤其是在基部 1/3 以上多少具浅波状牙齿，叶面暗绿色，背面淡绿色，叶面除中脉外无毛，侧脉每边 5 ～ 6 条，与中脉在叶面凹陷，在背面突起；叶柄腹面具槽。花序聚伞状复伞形，直径 5 ～ 11cm，第一级辐射枝通常 7 条；花多着生于第四级；花冠白色，辐状，长约 3mm；雄蕊 5，高出花冠。核果近球形，直径 6 ～ 7mm，红色。花期 6 ～ 7 月，果期 9 ～ 10 月。

◎**分布：** 产云南丽江、维西、福贡、德钦、镇雄、彝良、大关；分布于陕西及甘肃两省南部、山西、湖北西部、四川、贵州西部。

◎**生境和习性：** 生于海拔 1750 ～ 2700（～ 3500）m 的山坡沟边或谷地的杂林中。

◎**观赏特性及园林用途：** 株型婆娑，叶片秀美，秋季红果累累，具有很高观赏性，可栽植于花坛、庭院。

珊瑚树

Viburnum odoratissimum

忍冬科　荚蒾属

别名： 沙糖禾，沙糖树，麻油香

形态特征： 常绿灌木或小乔木，高 2～10（15）m；老枝散布突起的皮孔。叶片革质，椭圆形至长圆形或长圆状倒卵形，有时倒卵状圆形或近圆形，长 7～20cm，宽 4～9cm，先端短突尖至渐尖而钝头，有时钝形至近圆形或略凹入，基部楔形至宽楔形而常常多少下延，边缘在叶片 1/3～1/2 以上疏生小凸齿或在花枝上的叶片可全缘或近全缘，叶面暗绿色，背面淡绿色，侧脉每边 5～6 条。聚伞状圆锥花序顶生或侧生于具叶的短枝上；花芳香，通常生于序轴的第二至第三级分枝上；花冠白色至黄白色，辐状花冠裂片反折。核果卵状长圆形。花期（11～12）2～3（5）月，果期 4～6 月。

◎**分布：** 产云南富宁至西双版纳；分布于广东、广西、湖南南部、福建东南部及台湾。

◎**生境和习性：** 生于海拔 560～1000m 的山谷、山坡路旁、林内或灌木丛中。

◎**观赏特性及园林用途：** 叶四季常绿，株型紧凑，耐修剪，我国长江中下游各城市及园林中普遍栽作绿篱或绿墙，也是工厂区绿化及防火隔离的好树种。

显脉荚蒾

Viburnum nervosum

忍冬科　荚蒾属

别名：心叶荚蒾，维塞夫

形态特征：落叶灌木至小乔木，高1～5m；幼枝、叶片背面脉上、叶柄及花序均被黄褐色簇毛状鳞片；二年生小枝平滑而棕褐色，疏生皮孔。叶片近坚纸质，轮廓椭圆形，长7～15cm，宽4～11cm，先端短渐尖或急尖，基部心形或有时圆形，边缘有不整齐的锐锯齿，叶面深绿色，背面淡绿色，侧脉每边6～8条；叶柄腹面具槽。花序聚伞状复伞形，无总梗，第一级辐射枝5～6（～7）条；苞片和小苞片线状披针形。花芳香，着生于第二级辐射枝上，无梗；花冠白色，辐状，直径达8mm，冠筒极短，花冠裂片长4mm；雄蕊5，长不及花冠之半。核果椭圆形，长达8mm，红色而后变黑色。花期4～6月，果期7～9月。

◎**分布：**产滇西北和东北，而南达景东，滇东南的文山；分布于湖南（天堂山）、广西（临桂）、四川西部及西藏东南部。

◎**生境和习性：**生于海拔（1500～）2450～4000m的山谷及山坡林内或灌丛中，冷杉林下尤其常见。

◎**观赏特性及园林用途：**叶片脉纹明显，颇具观赏性；花白色而芳香，花序优美，果实红艳，是十分优良的观赏树种，适合栽植于庭院观赏。

漾濞荚蒾

Viburnum chingii

忍冬科　荚蒾属

别名：秦氏荚蒾

形态特征：灌木，高2.5m；枝条圆柱形，当年生的浅黄色，一年生的灰褐色。叶片近革质，椭圆形、卵状椭圆形或倒卵形至倒卵状椭圆形，长3.5～9cm，宽2～4.5cm，先端锐尖或钝，基部宽楔形或钝，叶面绿色，背面淡绿色，边缘在基部以上有钝或尖的锯齿，齿尖具硬尖头，侧脉每边约6条，与中脉在叶面稍凹陷，背面明显隆起，细脉横向；叶柄腹面具浅槽。聚伞状圆锥花序顶生，长4.5～5cm；苞片和小苞片披针形；花芳香，着生于第二级辐射枝上；萼筒钟状圆柱形；花冠白色，冠筒长7mm，直径6mm；雄蕊与冠筒近等长。核果倒卵状球形，长8mm，宽6mm，红色。花期4～5月，果期6～10月。

◎**分布：**产滇西、中、东，西南至镇康和凤庆、东南至文山、西北至贡山。

◎**生境和习性：**生于海拔2000～2900m的山谷、山坡疏或密林内或灌丛中。

◎**观赏特性及园林用途：**株型婆娑，叶片秀美，秋季红果累累、晶莹剔透，具有很高的观赏性，可栽植于花坛、庭院。

珍珠荚蒾

Viburnum foetidum var. *ceanothoides*

忍冬科　荚蒾属

别名：珍珠花，冷饭果，老米酒，糯米果

形态特征：植株直立或攀援状；枝披散，侧生小枝较短。叶较密，倒卵状椭圆形至倒卵形，长 2 ～ 5cm，顶端急尖或圆形，基部楔形，边缘中部以上具少数不规则圆或钝的粗牙齿或缺刻，很少近全缘，下面常散生棕色腺点，脉腋集聚簇状毛，侧脉 2 ～ 3 对。总花梗长 1 ～ 2.5cm。花期 4 ～ 6 月，果熟期 9 ～ 12 月。

◎**分布**：产滇中至西部及南部，分布于四川西南及贵州南部。

◎**生境和习性**：生于海拔 1000 ～ 2000（2600）m 的山坡林下或灌丛中。

◎**观赏特性及园林用途**：株型婆娑，叶片秀美，秋季红果累累、晶莹剔透，具有很高的观赏性，可栽植于花坛、庭院。

金银忍冬

Lonicera maackii (Rupr.) Maxim.

忍冬科　忍冬属

别名：金银木

形态特征： 落叶灌木，高 1.5 ~ 4m；树干皮暗灰色或灰白色，不规则纵裂；小枝中空，幼时被短柔毛。叶对生，叶片纸质或薄纸质，通常卵状椭圆形至卵状披针形，长 3 ~ 6.5cm，宽 2 ~ 3.5cm，先端渐尖或长渐尖，基部阔楔形至圆形，叶面绿色，背面淡绿色，两面有时疏被柔毛，脉上和叶柄均被腺短柔毛，侧脉约 5（7）对。总花梗腋生，小苞片合生成对，具缘毛；花冠先白色后转黄色，长 1.5 ~ 2cm，外面被柔毛，下部毛较密，二唇形，唇瓣长为萼筒的 2 ~ 3 倍；雄蕊 5。果球形，熟时暗红色。花期 3 ~ 5 月，果期 7 ~ 9 月。

◎**分布：** 产云南丽江、维西以南和以东，南达广南、文山、蒙自，以东达沾益；分布于黑龙江、吉林、辽宁、陕西、甘肃、四川、贵州、西藏。

◎**生境和习性：** 生于海拔 1300 ~ 2800m 的开阔山沟路边向阳处或疏林林缘和灌丛中。

◎**观赏特性及园林用途：** 花型独特雅致，花色鲜艳，适合栽植于庭院观赏。

亮叶忍冬

Lonicera ligustrina var. *yunnanensis*

忍冬科　六道木属

别名：云南蕊帽忍冬，铁楂子

形态特征：常绿或半常绿灌木，高达2m；幼枝被灰黄色短糙毛，后变灰褐色。叶革质，近圆形至宽卵形，有时卵形、矩圆状卵形或矩圆形，顶端圆或钝，上面光亮，无毛或有少数微糙毛。花较小，花冠长（4～）5～7mm，筒外面密生红褐色短腺毛。种子长约2mm。花期4～6月，果熟期9～10月。与女贞叶忍冬不同在于叶片近圆形、卵形或长圆形，较小，长0.4～1.5cm，先端圆或钝，叶面中脉无毛或有少数微糙毛；花较小。

◎**分布：**产云南禄劝、大姚、易门、富宁、寻甸、嵩明、昆明、漾濞、洱源、维西、丽江、德钦、贡山；分布于四川西部。

◎**生境和习性：**生于海拔（1000）1400～3400m的山坡林内或灌丛中。耐寒力强，也耐高温；对光照不敏感，在全光照下生长良好，也能耐阴；对土壤要求不严，在酸性土、中性土及轻盐碱土中均能适应。萌芽力强，分枝茂密，极耐修剪。

◎**观赏特性及园林用途：**四季常青、叶色亮绿、花具清香、浆果蓝紫色，是优良的观赏灌木，适合用作地被和绿篱。

小叶六道木

Abelia parvifolia

忍冬科　六道木属

别名： 鸡壳肚花，鸡肚子，棵棵兜

形态特征： 落叶灌木，高 0.5 ～ 2.5m；干皮纵裂，多分枝，枝纤细，幼枝红褐色，被短柔毛夹杂糙硬毛。叶对生，有时 3 叶轮生，纸质至近革质，卵形或狭卵形，长 1 ～ 2.5cm，宽 0.4 ～ 1.4cm，先端钝或有小尖头，基部圆形或近圆形，边缘反卷且具缘毛，近全缘或略有数浅齿，叶面暗绿色，背面白绿色，两面疏被糙毛和腺毛，中脉在叶面凹陷，在背面突起，侧脉每边 3 ～ 4 条。花 1 ～ 2 朵，生于小枝上部叶腋；萼筒被短柔毛，裂片 2，花冠粉红至紫红色，狭钟形，长 2.5 ～ 3cm，外被短柔毛和腺毛，冠筒基部具浅囊，冠檐 5 裂；雄蕊 4，二强。果革质，长约 6mm，有短柔毛，冠以宿存且略增大的 2 萼裂片。花期 4 ～ 8 月，果期 10 ～ 12 月。

◎**分布：** 产云南禄劝、大姚（盐丰）、昆明、嵩明、邓川、宾川；分布于甘肃、湖北、四川、贵州及福建。

◎**生境和习性：** 生于海拔（1300）2000 ～ 2600m 的山坡草地、灌丛、林缘、路旁等地。

◎**观赏特性及园林用途：** 枝叶婉垂，树姿婆娑，花美丽，萼裂片特异。可丛植于草地边、建筑物旁，或列植于路旁作为花篱。可配植在林下、石隙及岩石园中。

大叶斑鸠菊

Vernonia volkameriifolia

菊科　斑鸠菊属

别名：大叶鸡菊花

形态特征：灌木或小乔木，高3～8m。枝圆柱形，被黄褐色绒毛。叶互生，叶片较大，倒卵形、倒披针形或稀椭圆形，长10～40cm，宽4～15cm，先端急尖或稀钝，基部楔形，边缘具粗齿或呈波状，有时近全缘，表面绿色，无毛或沿中脉疏被柔毛，背面淡绿色，被柔毛，侧脉12～23对；叶柄密被褐色绒毛，具叶鞘。头状花序多数，直径5～8mm，有6～12朵花，在茎枝顶排列成大型复圆锥状花序，长达30cm或更长，花序总轴和花序梗密被黄褐色绒毛；总苞狭钟形；总苞片4～6层。花冠管状，淡红色、紫红色或紫色，长7～8mm，冠管长5～6mm，下部细，上部扩大，冠檐5裂；冠毛白色或污白色，2层。花果期10月至翌年6月。

◎**分布：**产云南勐腊、勐海、思茅、澜沧、耿马、潞西、龙陵、盈江、凤庆、临沧、景东、双柏、峨山、元江、绿春、金平、屏边、砚山、漾濞、大理、泸水等；广西、贵州和西藏有分布。

◎**生境和习性：**生于海拔650～1800（～2800）m的山谷林下、灌丛中或山坡、河沟边。

◎**观赏特性及园林用途：**叶大而茂密，花序繁茂，花儿红艳，可栽植于庭院观赏。

多裂棕竹

Rhapis multifida

棕榈科　棕竹属

形态特征：高 2 ～ 3m 甚至更高，带鞘茎直径 1.5 ～ 2.5cm，无鞘茎直径约 1cm。叶掌状深裂，扇形，裂片 16 ～ 20 片（最多达 30 片），线状披针形，每裂片长 28 ～ 36cm，宽 1.5 ～ 1.8cm，通常具 2 条明显的肋脉，先端变狭，具 2 ～ 3（～ 4）短裂片，边缘及肋脉上具细锯齿；叶柄较长，顶端具小戟突，卵圆形至半圆形，被淡黄褐色或深褐色的绵毛；叶鞘纤维褐色，整齐排列，较粗壮。花序二回分枝，长 40 ～ 50cm。果实球形，直径 9 ～ 10mm，熟时黄色至黄褐色。花期 5 ～ 6 月，果期 10 ～ 11 月。

◎分布：产云南富宁，昆明栽培；广西有分布。

◎生境和习性：生于海拔 1000 ～ 1270m 的石灰岩山次生林中。喜温暖湿润及通风良好的半阴环境，不耐积水，极耐阴，夏季光照强时，应适当遮阴。

◎观赏特性及园林用途：树形优美，姿态秀雅，翠杆亭立，叶盖如伞，四季常青。适合成丛植，或配以山石，更富诗情画意。

江边刺葵

Phoenix roebelenii

棕榈科　刺葵属

别名： 美丽针葵，软叶刺葵

形态特征： 茎丛生，栽培时常为单生，高 1 ～ 3m，稀更高，直径达 10cm，具宿存的三角状叶柄基部。叶长 1 ～ 1.5（～ 2）m；羽片线形，较柔软，长 20 ～ 30（～ 40）cm，两面深绿色，背面沿叶脉被灰白色的糠秕状鳞秕，呈 2 列排列，下部羽片变成细长软刺。佛焰苞长 30 ～ 50cm，仅上部裂成 2 瓣；雄花序与佛焰苞近等长，雌花序短于佛焰苞；分枝花序长而纤细，长达 20cm；花瓣 3；雄蕊 6；雌花近卵形，长约 6mm。果实长圆形，长 1.4 ～ 1.8cm，直径 6 ～ 8mm，顶端具短尖头，成熟时枣红色，果肉薄而有枣味。花期 4 ～ 5 月，果期 6 ～ 9 月。

◎**分布：** 产云南；广西、广东等省区有引种栽培。

◎**生境和习性：** 常见于江岸边，海拔 480 ～ 900m。性喜温暖湿润、半阴且通风良好的环境，不耐寒，较耐阴，畏烈日，适宜生长在疏松、排水良好、富含腐殖质的土壤，越冬最低温要在 10℃以上。

露兜树

Pandanus tectorius

露兜树科　露兜树属

别名：老茎，露兜簕

形态特征：常绿分枝灌木或小乔木，常左右扭曲，气根不分枝或多分枝。叶簇生于枝顶，三行紧密螺旋状排列，条形，长达 80cm，宽 4cm，先端渐狭成一长尾尖，叶缘和背面中脉均有粗壮的锐刺。雄花序由若干穗状花序组成；佛焰苞长披针形，长 10 ～ 26cm，宽 1.5 ～ 4cm，近白色，先端渐尖，边缘和表面隆起的中脉上具有细锯齿；雄花芳香，雄蕊常为 10 余枚，多达 25 枚；雌花序头状，单生于枝顶，圆球形；佛焰苞多枚，乳白色。聚花果大，向下悬垂，由 10 ～ 80 个核果束组成，圆球形或长圆形，长达 17cm，直径约 15cm，幼果绿色，成熟时橘红色。花期 1 ～ 5 月。

◎**分布：**产于云南普洱、西双版纳；分布于福建、台湾、广东、海南、广西、贵州等省区。

◎**生境和习性：**生于海拔约 850m 的沟边或栽培于庭院。喜光，喜高温、多湿气候，适生于海岸沙地。

◎**观赏特性及园林用途：**叶片奇特，果实大型壮观，是很好的滩涂、海滨绿化树种，也可作绿篱和盆栽观赏。

朱　　蕉

Cordyline fruticosa

龙舌兰科　朱蕉属

别名： 铁树，牙竹麻

形态特征： 灌木状，直立，高1～3m。茎粗1～3cm，有时稍分枝。叶聚生于茎或枝的上端，长圆形至长圆状披针形，长25～50cm，宽5～10cm，绿色或带紫红色；叶柄有槽，长10～30cm，基部变宽，抱茎。圆锥花序长30～60cm，侧枝基部有大的苞片，每朵花有3枚苞片；花淡红色、青紫色至黄色，长约1cm；花梗通常很短，较少长达3～4mm；外轮花被片下半部紧贴内轮而形成花被筒，上半部在盛开时外弯或反折；雄蕊生于筒的喉部，稍短于花被；花柱细长。花期11月至次年3月。

◎**分布：** 云南各地常见栽培，原产我国南方热带。

◎**生境和习性：** 广泛栽种于亚洲温暖地区，性喜高温多湿气候，属半荫植物，既不能忍受北方地区烈日曝晒，完全蔽阴处叶片又易发黄，不耐寒，除广东、广西、福建等地外，均只宜置于温室内盆栽观赏，要求富含腐殖质和排水良好的酸性土壤，忌碱土，植于碱性土壤中叶片易黄，新叶失色，不耐旱。

◎**观赏特性及园林用途：** 观叶植物，株形美观，色彩华丽高雅，盆栽适用于室内装饰。盆栽幼株，点缀客室和窗台，优雅别致。成片摆放会场、公共场所、厅室出入处，端庄整齐，清新悦目。数盆摆设橱窗、茶室，更显典雅豪华。栽培品种很多，叶形也有较大的变化，是布置室内场所的常用植物。

各论（藤木）

云南木本观赏植物资源（第二册）

The Germplasm Resources of Woody Ornamental Plants in Yunnan, China

鹤庆五味子

Schisandra wilsoniana

五味子科　五味子属

别名：马耳山五味子

形态特征：落叶木质藤本，全株无毛；当年生枝暗紫色，有短纵皱纹，上年生枝灰色。叶3～5集生于当年生枝上，近纸质，卵状椭圆形，长7～12cm，宽2.5～3.5（6）cm，先端尖长5～10mm，基部楔形，边缘的腓胝质齿不明显，侧脉每边4～5；叶柄纤细，长1～2cm。雄花：花梗长1.5～3.5cm，花被片9，肉质，外6片近圆形，最大的长11～12mm，宽约8mm，具干膜边缘，内3片倒卵形，长约6.5mm，宽约4.5mm；雄蕊群倒卵圆形，花托伸长，近基部分离雄蕊约25枚。雌花：花梗长4～6cm，花被片6～7，肉质，最大的近圆形，长11～12mm，宽10～11mm，边缘干膜质；雌蕊群近卵球形，直径5～6mm，雌蕊60～75，柱头鸡冠状。花期5月。

◎**分布：**产云南西北部（大理、邓川、鹤庆、丽江）。

◎**生境和习性：**生于海拔1800～2600m的丛林中或溪沟边。

◎**观赏特性及园林用途：**花朵金黄，果实红艳，可用于棚架和围栏绿化。

南五味子

Kadsura longipedunculata

五味子科　南五味子属

别名： 紫金皮，红木香，紫金藤

形态特征： 藤本，各部无毛。叶长圆状披针形、倒卵状披针形或卵状长圆形，长 5 ～ 13cm，宽 2 ～ 6cm，先端渐尖或尖，基部狭楔形或宽楔形，边缘有疏齿。侧脉每边 5 ～ 7 条；叶背具淡褐色透明腺点；叶柄长 0.6 ～ 2.5cm。花单生于叶腋，雌雄异株。雄花：花被片白色或淡黄色，8 ～ 17 片，中轮最大 1 片，椭圆形，长 8 ～ 13mm，宽 4 ～ 10mm，花托椭圆形，不凸出雄蕊群外；雄蕊群球形，直径 8 ～ 9mm，具雄蕊 30 ～ 70 枚。雌花：花被片与雄花相似，雌蕊群椭圆形或球形，直径约 10mm，具雌蕊 40 ～ 60 枚，花柱具盾状心形的柱头冠。花梗长 3 ～ 13cm。聚合果球形，直径 1.5 ～ 3.5cm；小浆果倒卵形，长 8 ～ 14mm。种子 2 ～ 3 粒，稀 4 ～ 5 粒。花期 6 ～ 9 月，果期 9 ～ 12 月。

◎**分布：** 产云南；分布于江苏、安徽、浙江、江西、福建、湖北、湖南、广东、广西、四川。

◎**生境和习性：** 生于海拔 1000m 以下的山坡、林中。喜阳光充足，排水良好的肥沃土壤，不耐寒。

◎**观赏特性及园林用途：** 花淡黄色，芳香，秋季红果满枝。供公园、庭院等各类绿地布置野生花境，可作垂直绿化或地被材料，也可盆栽观赏。

西南铁线莲

Clematis pseudopogonandra

毛茛科　铁线莲属

形态特征： 木质藤本。枝有浅纵沟，疏被柔毛，变无毛。叶为二回三出复叶，数叶与花同自老枝腋芽生出；小叶纸质，卵形、狭卵形、宽卵形或菱形，长 1.2 ～ 4cm，宽 0.6 ～ 3cm，顶端急尖至长渐尖，基部圆形或宽楔形，边缘有少数小齿或全缘，3 裂或不分裂，两面疏被短柔毛，变无毛，脉近平；叶柄长 1.4 ～ 6.5cm。花 1 ～ 2 朵与数叶自同一老枝腋芽中生出；花梗长 3.5 ～ 6.5cm；萼片 4，斜上展，紫红色或暗紫色，宽披针形或长圆形，长 2.2 ～ 4cm，宽 8 ～ 15mm，顶端渐尖，两面被贴伏短柔毛，边缘被短绒毛；雄蕊长为萼片之半，花丝密被长柔毛。瘦果近菱形，长约 5mm，被柔毛，羽毛状宿存花柱长约 4cm。花期 8 ～ 9 月。

◎**分布：** 产云南洱源、鹤庆、剑川、维西、丽江、中甸、德钦；分布于西藏东部、四川西部。

◎**生境和习性：** 生于海拔 2700 ～ 3600m 的山谷林边、林中或岩壁上。

◎**观赏特性及园林用途：** 花为稀有的紫红色或暗紫色，可用于庭院垂直绿化或盆栽观赏，也是铁线莲育种的重要亲本。

金毛铁线莲

Clematis chrysocoma

毛茛科　铁线莲属

形态特征： 木质藤本，有时近直立。枝条密被黄色短柔毛，变无毛。叶为三出复叶，数叶与花同自老枝腋芽生出或在当年生枝上对生；小叶纸质或薄革质，菱状倒卵形或菱状卵形，长 2 ～ 6cm，宽 1.5 ～ 4.5cm，顶端急尖，基部宽楔形，边缘有少数牙齿，两面被淡黄色绢状柔毛，在背面毛较密；叶柄长 1 ～ 6.5cm。花 1 ～ 6 朵与数叶自同一老枝腋芽中生出，或单生于当年生枝叶腋；花梗长 4.5 ～ 8.5（～ 20）cm，密被短柔毛；萼片 4，平展，白色或粉红色，倒卵形或椭圆状倒卵形，长 1.6 ～ 3cm，宽 0.8 ～ 2cm，外面被贴伏短柔毛，边缘被短绒毛，内面无毛；雄蕊无毛。瘦果扁，卵形，羽毛状宿存花柱长达 4cm，毛褐黄色。花期 4 ～ 7 月。

◎**分布：** 产云南沾益、嵩明、昆明、禄劝、普朋、宾川、大理、漾濞、洱源、兰坪、剑川、鹤庆、丽江、中甸、广南；分布于贵州西部、四川西南部。

◎**生境和习性：** 生于海拔 1000 ～ 3000m 的沟边灌丛中、草坡或干山坡或多石山坡或林边。

◎**观赏特性及园林用途：** 花朵洁白优雅，花期长，可用于庭院垂直绿化或盆栽观赏。

钝萼铁线莲

Clematis peterae

毛茛科　铁线莲属

别名： 疏齿铁线莲，木通藤，小木通

形态特征： 木质藤本。叶为一回羽状复叶，通常有5小叶；小叶纸质，卵形、椭圆状卵形或长卵形，长3～7cm，宽1.5～4cm，顶端急尖或短渐尖，基部圆形或浅心形，边缘每侧有1或少数小牙齿或全缘，两面疏被短柔毛或近无毛，稀背面密被短柔毛，脉近平；叶柄长2.5～6cm。聚伞花序腋生或顶生，有多数花；花序梗长1～3cm；苞叶卵形，长达1cm，或钻形，长约4mm；萼片4，平展，白色，长圆形或狭倒卵形，长约8mm，宽3mm，顶端钝，两面疏被贴伏短柔毛，边缘有短绒毛；雄蕊无毛。瘦果稍扁，卵形，长约4mm，无毛，羽毛状宿存花柱长达3cm。花期6～9月。

◎**分布：** 产云南昭通、东川、嵩明、宜良、昆明、安宁、富民、禄劝、双柏、宾川、巍山、大理、洱源、鹤庆、丽江、剑川、兰坪、维西、中甸、德钦、文山；分布于贵州、四川、湖北西部、甘肃和陕西的南部、河南西部、山西南部、河北西南部。

◎**生境和习性：** 生于海拔1650～3400m的山坡草地、林边或灌丛中。

◎**观赏特性及园林用途：** 花朵白色密集，花期长，可用于庭院垂直绿化或盆栽观赏。

绣球藤

Clematis montana

毛茛科　铁线莲属

形态特征： 木质藤本。枝条有短柔毛，变无毛。叶为三出复叶，或数叶与花同自老枝的腋芽生出，或在当年生枝上对生；小叶草质或纸质，卵形或椭圆状卵形，长 2 ～ 8cm，宽 1.5 ～ 4.5cm，顶端渐尖，基部宽楔形或圆形，边缘有稀疏牙齿，偶尔全缘，不分裂或 2 ～ 3 浅裂，两面疏被贴伏短柔毛，叶脉近平；叶柄长 2.5 ～ 9cm；花通常 2 ～ 4 朵与数叶同自一老枝腋叶中生出；花梗长 3 ～ 10cm；萼片 4，白色或外面带淡红色，长圆状倒卵形或倒卵形，长 1.3 ～ 3cm，宽 0.7 ～ 2cm，外面疏被短柔毛，内面无毛。瘦果扁羽毛状宿存花柱长约 2.5cm。花期 4 ～ 7 月。

◎**分布：** 产云南大关、镇雄、昭通、巧家、会泽、嵩明、昆明、禄劝、大姚、大理、漾濞、鹤庆、剑川、丽江、兰坪、碧江、维西、中甸、贡山、德钦、蒙自；分布于西藏南部、四川、甘肃和陕西的南部、河南西部、湖北西部、贵州、湖南、广西北部、江西、福建西北部、台湾、浙江、安徽南部。

◎**生境和习性：** 生于海拔 1900 ～ 4000m 的山地林中或灌丛中。

◎**观赏特性及园林用途：** 花朵洁白优雅，花期长，可用于庭院垂直绿化或盆栽观赏。

甘川铁线莲

Clematis akebioides

毛茛科　铁线莲属

形态特征：木质藤本。茎有纵棱，无毛。叶为二或一回羽状复叶，无毛；小叶草质，椭圆形或倒卵形，长1.2～4cm，宽0.6～2.5cm，顶端钝或圆形，基部宽楔形或圆形，不分裂或2～3裂，边缘有少数小牙，背面粉绿，脉近平；叶柄长3～7.8cm。花序腋生，有1～2花；花序梗长0.2～1.2cm；苞片似小叶，不分裂或2～3浅裂；花梗长3.2～6.5cm；萼片4，斜上展，淡绿黄色，卵状长圆形，长1.6～2.7cm，宽7～11mm，顶端急尖，外面无毛，只在边缘被短绒毛，内面无毛；花丝披针状线形，被短柔毛，花药狭长圆形，长2～2.8mm，顶端钝，无毛。瘦果倒卵形，长约3mm，羽毛状宿存花柱长约3cm。花期7～9月。

◎**分布：**产云南丽江、中甸、德钦；分布于西藏东部、四川西部、甘肃南部、青海东部，向东北稍间断地分布达贺兰山。

◎**生境和习性：**生于海拔2000～3200m的草坡上，丘陵灌丛中，或河边或沟边林中。

◎**观赏特性及园林用途：**花朵黄色或红色，鲜艳美丽，可用于庭院垂直绿化或盆栽观赏。

尾叶铁线莲

Clematis urophylla

毛茛科　铁线莲属

◎**分布：**产云南镇雄；分布于四川、贵州、湖北西部、湖南、广西和广东的北部。

◎**生境和习性：**生于海拔 1600m 的沟边疏林中。

◎**观赏特性及园林用途：**花朵洁白繁密，花期长，羽毛状宿存花柱颇具观赏性，可用于庭院垂直绿化或盆栽观赏。

形态特征：本质藤本。枝被短柔毛。叶为三出复叶；小叶卵形或狭卵形，长 5 ～ 10cm，宽 2 ～ 3.5cm，顶端渐尖，基部圆形或浅心形，边缘有小牙齿，两面疏被短柔毛，基出脉 3 ～ 5 条，背面稍隆起，脉网不明显；叶柄长 2.5 ～ 5cm。聚伞花序腋生，有 1 ～ 3 花；花序梗长 1 ～ 2cm；苞片线状披针形；花梗长约 2cm；萼片 4，斜上展，白色，卵状长圆形，长约 2.5cm，宽约 7mm，外面被贴伏短柔毛，内面只在顶端被短柔毛；雄蕊长约为萼片之半，花丝被长柔毛，花药狭长圆形，长约 2mm，顶端钝，无毛。瘦果纺锤形，长约 3.5mm，被短柔毛，羽毛状宿存花柱长约 4.5cm。花期 11 月。

滑叶藤

Clematis fasciculiflora

毛茛科　铁线莲属

别名：三叶五香血藤，小粘药

形态特征：木质藤本。枝疏被短柔毛，变无毛。叶为三出复叶，对生，有时数叶与花同自老枝腋芽中生出；小叶薄革质，狭卵形、披针形或长椭圆形，长 2 ～ 8.5（～ 11）cm，宽 0.8 ～ 3.5（～ 5）cm，顶端渐尖，基部宽楔形或圆形，边缘通常全缘，上面无毛，背面有疏柔毛或无毛，脉近平；叶柄长 2 ～ 3（～ 6）cm。花通常 2 ～ 4 朵自腋芽中生出，有时还伴有 2 或数叶；花梗长 0.5 ～ 2.4cm，被淡黄色短绒毛；萼片 4，斜上展，白色，长 1.2 ～ 2cm，宽 5 ～ 8mm，外面被淡黄色短绒毛，内面无毛；雄蕊无毛，稍短于萼片。瘦果披针形，长 5.5 ～ 8mm，无毛，羽毛状宿存花柱长 1 ～ 1.6cm。花期 12 月至翌年 3 月。

◎**分布：**产云南巧家、镇雄、会泽、嵩明、昆明、禄劝、禄丰、宾川、洱源、大理、保山、片马、剑川、鹤庆、丽江、中甸、西畴、屏边、蒙自、建水、元江、思茅、镇康、潞西；分布于四川西南部、贵州西南部、广西西部。

◎**生境和习性：**生于海拔 1500 ～ 2500m 的山谷溪边、山坡灌丛中或林中。

◎**观赏特性及园林用途：**花朵洁白繁密，花期长，羽毛状宿存花柱颇具观赏性，叶片较光亮，可用于庭院垂直绿化或盆栽观赏。

木　通

Akebia quinata

木通科　木通属

别名： 山通草，野木瓜，通草

形态特征： 落叶木质藤本。茎纤细，圆柱形，缠绕，茎皮灰褐色，有圆形、小而凸起的皮孔；芽鳞片覆瓦状排列，淡红褐色。掌状复叶互生或在短枝上的簇生，通常有小叶5片，偶有3～4片或6～7片；小叶纸质，倒卵形或倒卵状椭圆形，长2～5cm，宽1.5～2.5cm，先端圆或凹入，具小凸尖，基部圆或阔楔形，上面深绿色，下面青白色；中脉在上面凹入，下面凸起，侧脉每边5～7条。伞房花序式的总状花序腋生，基部有雌花1～2朵，以上4～10朵为雄花；花略芳香。雄花：花梗长7～10mm；萼片通常3有时4片或5片，淡紫色，偶有淡绿色或白色。雌花：花梗长2～4（5）cm；萼片暗紫色，偶有绿色或白色。果孪生或单生，长圆形或椭圆形，长5～8cm，直径3～4cm，成熟时紫色，腹缝开裂；种子多数，着生于白色、多汁的果肉中。花期4～5月，果期6～8月。

◎**分布：** 产于长江流域各省区。日本和朝鲜有分布。

◎**生境和习性：** 生于海拔300～1500m的山地灌木丛、林缘和沟谷中。

◎**观赏特性及园林用途：** 夏季开紫色花，秋季可观红果，是棚架垂直绿化的优良树种。

地石榴

Ficus tikoua

桑科　榕属

别名： 地瓜藤，过江龙，土瓜

形态特征： 匍匐木质藤本，茎上生细长不定根，节短，膨大；幼枝偶有直立的。叶坚纸质，倒卵状椭圆形，长 2 ～ 8cm，宽 1.5 ～ 4cm，先端急尖，基部圆形至浅心形，边缘具疏浅圆锯齿，叶面深绿色，疏生短刺毛，背面浅绿色，沿脉有细毛，侧脉每边 3 ～ 4（～ 7）条；叶柄长 1 ～ 2cm；直立枝的叶柄长达 6cm，叶片也相应长和宽。榕果成对或成簇生于匍匐茎上，常埋于土中，球形至圆卵形，直径 1 ～ 2cm，基部收缢成柄，成熟时红色，表面散生圆形瘤点，顶生苞片微呈脐状，基生苞片 3，很小。花期 5 ～ 7 月，果期 7 ～ 8 月。

◎**分布：** 产云南昆明、楚雄、鹤庆、丽江、砚山、景东、威信等地；西藏（东南）、四川、贵州、广西、湖南、湖北、陕西（南部）有分布。

◎**生境和习性：** 生于海拔 500 ～ 2650m 的山坡或岩石缝中；喜温暖湿润的环境。对土壤要求不严，以疏松、肥沃的夹砂上较好。

◎**观赏特性及园林用途：** 观叶，是优良的庭院地被植物和边坡水土保持植物。

薜　荔

Ficus pumila

桑科　榕属

别名：凉粉果，鬼馒头

◎**分布：**产云南东南部，我国除西北、华北偶见栽培，其余地区常见野生。

◎**生境和习性：**生于海拔300～1200m的村寨附近或墙壁上。

◎**观赏特性及园林用途：**四季苍翠，不定根发达。攀缘及生存适应能，在园林绿化方面可用于垂直绿化、护坡、护堤，既可保持水土，又可美化环境。

形态特征：攀援或匍匐灌木。叶具两型，不结果枝节上生根，叶卵状心形，长约2.5cm，纸质，先端渐尖，基部略不对称；叶柄很短；结果枝上无不定根；叶革质，卵状椭圆形，长5～10cm，宽2～3.5（～4）cm，先端急尖至钝形，心部圆形至浅心形，全缘，叶面无毛，背面被黄褐色柔毛，基生叶脉三出，侧生2脉延长至叶片1/3以上，侧脉每边4～5条，在叶面下陷，背面突起，网眼甚明显，呈蜂房状。榕果单生叶腋；瘿花果大梨形，顶部平截，略具钝头或为脐状突起，基部收缢成柄，顶生苞片脐状，红色，基生苞片3，三角状卵形，密被长绒毛，宿存；榕果表面幼时被黄色短柔毛，成熟时黄绿色带微红。花果期5～8月。

显脉猕猴桃

Actinidia venosa

猕猴桃科　猕猴桃属

别名：酸枣子藤

形态特征：攀援灌木，长 7m。枝红褐色，具皮孔，当年生幼枝顶部被绒毛。叶膜质至薄纸质，卵形至卵状长圆形，长 5 ～ 12.5cm，宽 3 ～ 5.5cm，先端急尖至长渐尖，基部楔形至近圆形，稀截形至浅心形，多偏斜，边缘具细锯齿；叶面无毛，背面主脉和侧脉显明，侧脉每边 8 ～ 11，网结，细脉网状，密而平行。聚伞花序腋生，被淡褐色绒毛；萼片 5，卵形至长圆形，外面被短绒毛，具缘毛；花瓣 5，白色至淡红褐色，椭圆状长圆形。果卵球形至近球形，直径 1.5cm，黄褐色转黑色，被绒毛，具小皮孔。花期 6 ～ 7 月，果期 8 ～ 9 月。

◎**分布**：产滇西北和滇西（大理以北）等地，我国四川西部亦产。

◎**生境和习性**：常见于海拔 2400 ～ 3650m 的林中及灌丛中。

◎**观赏特性及园林用途**：观叶、观花、观果，可作棚架及围栏的攀援植物。

贡山猕猴桃

Actinidia pilosula

猕猴桃科　猕猴桃属

别名：疏毛猕猴桃

◎**分布**：产云南维西、德钦、贡山、泸水、腾冲；我国西藏东南部亦产。国外分布于缅甸北部。

◎**生境和习性**：生于海拔 2500～3300m 的林中。

◎**观赏特性及园林用途**：观叶、观花、观果，可作棚架及围栏的攀援植物。

形态特征：攀援灌木。枝淡红褐色，具星散皮孔，无毛，或幼枝具淡白色微柔毛；髓白色，片状，大而薄。叶膜质至纸质，卵状长圆形，长 6～16cm，宽 3.5～8cm，先端渐尖，基部宽截形至心形，常偏斜；边缘具细锯齿；叶背密生白色绒毛或沿主脉和侧脉被稀至密的白色绒毛；侧脉每边 8～10，第三次脉背面隆起，平行；柄淡紫色，长 3～4cm，无毛或被白色短绒毛。聚伞花序腋生，具淡褐色绒毛；花瓣 5，淡黄褐色，倒卵形至长圆形，长 7～9mm，宽 4～5mm，先端圆形。浆果长圆形，长 1.5～2cm，直径 1cm，被淡褐色柔毛或几无毛，具小斑点。花期 6～7 月，果期 8～9 月。

中华猕猴桃

Actinidia chinensis

猕猴桃科　猕猴桃属

别名： 猕猴桃

形态特征： 攀援灌木，长达 10m。幼枝红褐色，和叶柄密被褐色柔毛或刺毛，老枝无毛，具淡色皮孔；髓大，片状，白色。叶纸质，圆形（花枝上），阔卵形或倒卵形至椭圆形（不孕枝上），长 9 ～ 15cm，宽 7.5 ～ 13.5cm，先端突尖，微凹或平截，基部圆形至近心形，边缘具刺毛状锯齿，叶面仅沿脉被疏柔毛，背面密背白色星状毛，侧脉每边 6 ～ 8，第三次脉平行，较明显。聚伞花序腋生，密被浅褐色柔毛；萼片 5，卵形，两面被浅褐色绒毛；花瓣 5，花开时白色，后变黄色，倒卵形，长 9 ～ 15mm，宽 8 ～ 9mm。浆果近球形至椭圆形，长 5cm，直径 3 ～ 4cm，褐色，密被褐色至白色硬毛。花期 5 ～ 6 月，果期 8 ～ 9 月。

◎**分布：** 产滇东北（永善、盐津、镇雄）和滇东（者海、马龙、罗平）；我国西北（陕、甘）、河南和长江以南各省区均有。

◎**生境和习性：** 生于海拔 1100 ～ 1850m 的林中及灌丛中。喜欢腐殖质丰富、排水良好的土壤；分布于较北地区者喜温暖湿润，背风向阳环境。喜阴，忌强烈日照。

密齿酸藤子

Embelia vestita

紫金牛科　酸藤子属

别名：打虫果，米汤果，白腊树

形态特征：攀援灌木或小乔木，高 5m 以上；小枝纤细，无毛或嫩枝上被极细的微柔毛，具皮孔。叶坚纸质，卵形至卵状长圆形，稀为椭圆状披针形，长 5～11cm，宽 2～3.5cm，顶端急尖、渐尖或钝，基部楔形或圆形，边缘具细锯齿，稀呈重锯齿，两面无毛，背面具明显的腺点，中脉隆起。总状花序腋生，被细绒毛；小苞片小，钻形；花 5 数，长约 2mm；花萼基部短短连合，萼片卵形；花瓣分离，狭长圆形或椭圆形、舌状或匙形，顶端圆形或微凹；雄蕊在雌花中退化，长不超过花瓣的 1/2，在雄花中长出花瓣，基部与花瓣基部连合达 2/5。果球形或略扁，直径 5mm，红色。花期 10～11 月，果期 10 月至翌年 2 月。

◎**分布：**产滇东南及茨开、宾川、漾濞、凤仪等地。

◎**生境和习性：**生于海拔 1000～1700m 多石的丛林中。

◎**观赏特性及园林用途：**叶片浓绿、光亮；果实成熟时红艳可人，是极好的观果攀援植物，可用于棚架绿化。

倒挂刺

Rosa longicuspis

蔷薇科　蔷薇属

别名： 长尖叶蔷薇，粉棠果

形态特征： 攀缘灌木，高 1.5 ～ 3m。枝弓形弯曲，常具粗短钩状皮刺。小叶 7 ～ 9 枚，近花序的小叶常为 5 枚，小叶片革质，卵形、椭圆形或卵状长圆形、稀倒卵状长圆形，长 3 ～ 7cm，宽 1 ～ 3.5cm，先端渐尖或长渐尖，基部近圆形或宽楔形，边缘具锐尖锯齿，两面无毛，上面有光泽，下面中脉隆起；小叶柄和叶轴均无毛，具散生小钩状皮刺；托叶大部贴生于叶柄，离生部分披针形。花多数，排成伞房状；花直径 3 ～ 4cm；萼片披针形，先端长渐尖，全缘或有羽状裂片；花瓣白色，宽倒卵形，先端凹凸不平，基部宽楔形，外面被平铺绢毛。果倒卵球形，直径 1 ～ 1.2cm，暗红色，萼片反折，花柱宿存。花期 5 ～ 7 月，果期 7 ～ 11 月。

◎**分布：** 产云南各地；分布于四川、贵州。印度北部也有。

◎**生境和习性：** 生于海拔 400 ～ 2900m 的丛林中或路边灌丛中。

◎**观赏特性及园林用途：** 花朵繁密素雅、果实红艳、叶片光亮，可用于棚架和围栏的垂直绿化。

木香花

Rosa banksiae

蔷薇科　蔷薇属

别名： 双柏刺花，白刺花，松刺花

形态特征： 攀缘小灌木，高 3 ～ 6m。小枝圆柱形，无毛，具短小皮刺；老枝上的皮刺较大，坚硬，经栽培后有时无刺。小叶 3 ～ 5，稀 7 枚，连叶柄长 4 ～ 6cm；小叶椭圆状卵形或长圆状披针形，长 2 ～ 5cm，宽 8 ～ 18mm，先端急尖或稍钝，基部钝圆或宽楔形，边缘具紧贴细锯齿，上面无毛，深绿色，下面淡绿色，中脉隆起，沿脉具柔毛；小叶柄和叶轴被疏柔毛，和散生小皮刺；托叶线状披针形，膜质。花小，多花组成伞形花序，花直径 1.5 ～ 2.5cm；萼片卵形，先端长渐尖，全缘，萼筒和萼片外面均无毛，内面被白色柔毛；花瓣重瓣至半重瓣，白色，倒卵形，先端圆，基部楔形；心皮多数。

◎**分布：** 产云南维西、丽江、昆明、易门、双柏；云南各地均有栽培。分布于四川，全国各地栽培。

◎**生境和习性：** 生于海拔 1500 ～ 2650m 的路边灌丛中。喜光也耐阴，喜温暖气候。有一定耐寒能力，对环境适应好，管理简单。

◎**观赏特性及园林用途：** 花量大而密集，花色淡雅，芳香袭人。适宜在棚架、凉廊等幽静处种植。亦可作护坡、围栏垂直绿化之用。

大花香水月季

Rosa odorata var. *gigantean*

蔷薇科　蔷薇属

别名： 打破碗，白蔷薇，卡卡果

形态特征： 常绿或半常绿攀缘灌木。有长匍匐枝，枝粗壮无毛，有散生钩状皮刺。小叶 5 ～ 9 枚，连叶柄长 5 ～ 10cm；小叶片革质，椭圆形、卵形或长圆状卵形，长 2 ～ 7cm，宽 1.5 ～ 3cm，先端急尖或渐尖，稀尾状渐尖，基部楔形或近圆形，边缘有紧贴的锐锯齿；托叶大部贴生于叶柄，无毛，顶端小叶片有长柄，总叶柄和小叶柄具稀疏小皮刺和腺毛。花单生或 2 ～ 3 朵，单瓣，直径 8 ～ 10cm；花梗长 2 ～ 3cm，无毛或有腺毛；萼片全缘，稀有少数羽状裂片，披针形；花瓣芳香，乳白色，倒卵形；心皮多数，被毛；花柱离生，伸出花托口外，约与雄蕊等长。果实呈压扁的球形，稀梨形，外面无毛。花期春季。

◎**分布：** 产云南维西、大理、丽江、昆明、镇康、思茅、蒙自、屏边。

◎**生境和习性：** 生于海拔 800 ～ 2600m 的山坡林缘或灌丛中。

◎**观赏特性及园林用途：** 花大而密集，花色素雅，具有芳香。适宜用于棚架、围栏等的垂直绿化。

粉红香水月季

Rosa odorata var. *erubescens*

蔷薇科　蔷薇属

别名：紫花香水月季

形态特征：与大花香水月季的区别在于：花重瓣，粉红色，花冠较小，直径 3 ~ 6cm。

◎**分布：**产云南丽江、大理。

◎**生境和习性：**生于海拔 2000 ~ 2500m 的山坡林缘或灌丛中。

◎**观赏特性及园林用途：**花大而密集，花色鲜艳，具有芳香。适宜用于棚架、围栏等的垂直绿化。

十姐妹

Rosa multiflora. var. *platyphylla*

蔷薇科　蔷薇属

别名：七姐妹

形态特征：野蔷薇（*Rosa multiflora*）的变种。落叶蔓生灌木，具皮刺，通常生于托叶下，茎细长，攀援。奇数羽状复叶，互生，小叶5～9，近花序的小叶有时3，小叶片倒卵形、长圆形或卵形，边缘有尖锐单锯齿，稀混有重锯齿，上面无毛，下面有柔毛；小叶片比原始种大；花也比原种较大，重瓣，花色为深浅不一的粉红色或朱红色，花6～9朵聚生成扁伞房花序，甚为美丽，有浓郁芳香。果实球形。花期为春夏之交。

◎**分布**：云南全省大部有栽培。

◎**生境和习性**：喜生于路旁、田边或丘陵地的灌木丛中。生长势较强，耐寒耐寒，喜光充足环境。

◎**观赏特性及园林用途**：花虽小却繁多，随着枝条或悬于树枝间或匍匐于缓坡。盛开之时整体气势不逊于名贵花卉，秋季果实变红橙点缀在绿枝间。可作为花篱、刺篱或攀附于小型廊架之上。或栽培于水际，使花枝下垂抚水。

三色莓

Rubus tricolor

蔷薇科　悬钩子属

形态特征：灌木，高 1 ～ 4m。枝攀缘或匍匐，圆柱形，褐色至暗红褐色，被黄褐色刺毛和绒毛。单叶，叶片卵形至长圆形，长 6 ～ 12cm，宽 3 ～ 8cm，先端短渐尖，基部近圆形至心形，叶面暗绿色，无毛而在脉腋间疏生刺毛，背面密被黄灰色绒毛，叶脉突出，边缘不分裂或微波状，具不规则粗锐锯齿。花单生于叶腋或数朵生于小枝顶端形成短总状花序；花序轴和花梗均具紫红色刺毛、绒毛或腺毛；花直径 2 ～ 3cm；花萼外面黄褐色绒毛和刺毛，萼筒盆形；花瓣白色，倒卵形或倒卵状长圆形，长 7 ～ 9mm，宽 5 ～ 7mm，先端微缺或具短尖，具柔毛，基部有短爪。果实鲜红色，近球形，直径 1.1 ～ 1.7cm。花期 6 ～ 7 月，果期 8 ～ 9 月。

◎**分布：**产云南永胜、大理；分布于四川西部。

◎**生境和习性：**生于海拔 1800 ～ 3600m 的坡地林或灌丛中。

◎**观赏特性及园林用途：**观叶、观果，果实多汁味甜，可供食用。可用作庭院地被植物。

云南羊蹄甲

Bauhinia yunnanensis

云实科　羊蹄甲属

形态特征：藤本；枝有棱。具成对的卷须，卷须扁平而稍被毛。叶膜质或纸质，阔椭圆形，全裂至基部，弯缺处具一刚毛状尖头，裂片斜卵形，长 2.5 ～ 4.5cm，宽 2 ～ 2.5cm，先端钝圆，基部深或浅心形，具 3 ～ 4 脉。总状花序顶生或侧生，长 10 ～ 5cm 或更长，多花 10 ～ 20 朵；花萼 2 唇形，具短的 5 齿，开花时反折；花瓣淡红色或白色，倒卵状匙形，近相等，长约 1.7cm，先端被黄色柔毛，上面 3 片各有 3 条玫瑰色条纹，下面 2 片中心各有 1 条纵纹；能育雄蕊 3。荚果带形，扁平，稍弯弓，先端有喙。花期 7 ～ 8 月，果期 10 月。

◎**分布**：产云南丽江、鹤庆、邓川、中甸、永仁、宾川、大姚、禄劝、元江、文山等地；四川西南部及贵州也有分布。

◎**生境和习性**：生于海拔（480 ～）1000 ～ 1400m 的山坡灌丛、路旁。

◎**观赏特性及园林用途**：花大而美丽，叶形奇特，可用于围栏和棚架的垂直绿化。

葛藤

Argyreia seguinii

豆科　葛属

别名： 野葛，粉葛藤，甜葛藤，葛条

形态特征： 木质藤本，长可达 8m，全体被黄色长硬毛，茎基部木质，有粗厚的块状根。羽状复叶具 3 小叶；小叶 3 裂，偶尔全缘，顶生小叶宽卵形或斜卵形，长 7 ～ 15（～ 19）cm。总状花序长 15 ～ 30cm，中部以上有颇密集的花；花萼钟形，被黄褐色柔毛；花冠长 10 ～ 12mm，紫色。荚果长椭圆形，扁平，被褐色长硬毛。花期 9 ～ 10 月，果期 11 ～ 12 月。

◎**分布：** 产云南东南部（西畴），分布于贵州及广西。

◎**生境和习性：** 生于海拔 1000 ～ 1300m 的路边。

◎**观赏特性及园林用途：** 蔓叶繁茂，藤条重叠，交错穿插，是良好的地被植物，可用于荒山荒坡、土壤侵蚀地、石山、悬崖峭壁、矿山等废弃地的绿化。

昆明鸡血藤

Millettia reticulata

豆科　鸡血藤属

别名：网络崖豆藤

形态特征：藤本。小枝圆形，具细棱。羽状复叶长10～20cm；叶柄长2～5cm；叶柄无毛，上面有狭沟；叶腋有多数钻形的芽苞叶，宿存；小叶3～4对，间隔1.5～3cm，硬纸质，卵状长椭圆形或长圆形，长5～6cm，宽1.5～4cm，先端钝，渐尖，或微凹缺，基部圆形，两面均无毛，或被稀疏柔毛，侧脉6～7对；小托叶针刺状。圆锥花序顶生或着生枝梢叶腋，长10～20cm，常下垂，基部分枝，花序轴被黄褐色柔毛；花密集，单生于分枝上；花长1.3～1.7cm；花萼阔钟状至杯状；花冠红紫色，旗瓣无毛，卵状长圆形，基部截形，无胼胝体，瓣柄短，翼瓣和龙骨瓣均直，略长于旗瓣；雄蕊二体。荚果线形，扁平，有种子3～6粒。花期5～11月。

◎**分布：**产江苏、安徽、浙江、江西、福建、台湾、湖北、湖南、广东、海南、广西、四川、贵州、云南。

◎**生境和习性：**生于海拔1000m以下地带的山地灌丛及沟谷。

◎**观赏特性及园林用途：**枝叶青翠茂盛，紫红或玫红色的圆锥花序成串下垂，色彩艳美，适用于花廊、花架、建筑物墙面等的垂直绿化，也可配置于亭、山石旁，亦可作地被覆盖荒坡、河堤岸及疏林下的裸地等。

常春油麻藤

Mucuna sempervirens

豆科　油麻藤属

别名： 绵麻藤，牛马藤，鹦哥藤

形态特征： 高大常绿木质缠绕藤本，长达25m，老茎直径达30cm以上。树皮具皱纹，幼茎有纵棱和皮孔。羽状复叶具3小叶，叶长21～39cm；小叶片两面无毛，纸质或革质，有光泽；顶生小叶片椭圆形，长圆形或卵状椭圆形，长8～15cm，宽3.5～6cm，先端渐尖，基部稍楔形，侧生小叶极偏斜，长7～14cm；侧脉4～5对；小叶柄膨大，长4～8mm。总状花序生于老茎上，长10～3cm，每节上有3朵花；萼宽杯形，密被暗褐色伏贴短毛；花冠深紫色，长约6.5cm，旗瓣长3.2～4cm，圆形，先端凹达4mm，基部耳长1～2mm，翼瓣长4.8～6cm，宽1.8～2cm，龙骨瓣长6～7cm，基部瓣柄长约7mm，耳长约4mm。果木质，长30～60cm，宽3～3.5cm，厚1～1.3cm，种子间缢缩，带形，近念珠状；种子4～12颗。花期4～10月，果期5～11月。

◎**分布：** 产云南会泽、维西、贡山、泸水、宾川、绿春、勐腊、景洪。

◎**生境和习性：** 常生于海拔820～2500m的灌丛、溪边、河谷。

◎**观赏特性及园林用途：** 叶片常绿，老茎开花，花鲜艳奇特，适于攀附围栏、花架、岩壁等处，是垂直绿化的优良藤本植物。

间序油麻藤

Mucuna interrupta

豆科　油麻藤属

形态特征： 缠绕藤本。茎无毛，常具纵棱。叶柄长6～9cm；小叶片薄纸质，顶生小叶片椭圆形，长9～14cm，宽4～8cm，先端骤然短渐尖，有细尖头，基部圆或略为心形，两面近无毛，侧生小叶偏斜，长9～12cm，宽5～7cm，先端骤然渐尖，有细尖头，基部圆或截形，侧脉每边6～7，在两面凸起。花序腋生，长8～24cm，花序下部无花；花梗被毛；花萼密被长毛，筒宽杯状；花冠白或红色，旗瓣长3～3.5cm，宽1.8～2cm，先端微凹，基部有2耳，翼瓣长5～5.7cm，瓣柄长约7mm，耳长2mm，龙骨瓣长5～5.7cm，瓣柄长约10mm，耳长约1mm。果革质，卵形，被短毛或红褐色螯毛；种子2～3颗，红褐色。花期8月，果期10月。

◎**分布：** 产云南西双版纳。

◎**生境和习性：** 生于海拔540～1100m的常绿阔叶林林缘处。

◎**观赏特性及园林用途：** 叶片常绿，老茎开花，花鲜艳奇特，适于攀附围栏、花架、岩壁等处，是垂直绿化的优良藤本植物。

紫　藤

Wisteria sinensis

豆科　紫藤属

别名： 藤萝

形态特征： 落叶藤本。茎左旋，枝较粗壮，嫩枝被白色柔毛。奇数羽状复叶长 15 ~ 25cm；小叶 3 ~ 6 对，纸质，卵状椭圆形至卵状披针形，上部小叶较大，基部一对最小，长 5 ~ 8cm，宽 4cm，先端渐尖至尾尖，基部钝圆或楔形，或歪斜，嫩叶两面被平伏毛。总状花序长 15 ~ 30cm，花序轴被白色柔毛；花长 2 ~ 2.5cm，芳香；花萼杯状，密被细绢毛；花冠紫色，旗瓣圆形，先端略凹陷，花开后反折，基部有 2 胼胝体，翼瓣长圆形，基部圆，龙骨瓣较翼瓣短，阔镰形。荚果倒披针形，长 10 ~ 15cm，宽 1.5 ~ 2cm，密被绒毛，悬垂枝上不脱落。花期 4 月中旬至 5 月上旬，果期 5 ~ 8 月。

◎**分布：** 云南昆明、大理等地有栽培；分布于贵州、广西、河北、河南以南、黄河、长江流域及陕西。

◎**生境和习性：** 喜光，略耐阴，喜深厚、排水良好、肥沃的疏松土壤，有一定的抗旱能力，耐水湿和瘠薄土壤，对城市环境适应性强。

◎**观赏特性及园林用途：** 开花繁多，花序大而美丽，具有香气，串串花序悬挂于绿叶藤蔓之间，瘦长的荚果迎风摇曳，十分美丽。在庭院中用其攀绕棚架、制成花廊，或用其攀绕枯木，有枯木逢生之意。还可制成姿态优美的悬崖式盆景，置于高几架、书柜顶上，繁花满树，老桩横斜，别有韵致。

密花胡颓子

Elaeagnus conferta

胡颓子科　胡颓子属

形态特征：常绿攀缘灌木。幼枝密被银白色或灰黄色鳞片，老枝灰黑色，有刺。叶片纸质，椭圆形或阔椭圆形，长 6 ～ 16cm，宽 3 ～ 6cm，先端钝尖或骤渐尖，尖头三角形，基部圆形或楔形，全缘，表面幼时被银白色鳞片，成熟后脱落，背面密被银白色和散生淡褐色鳞片，侧脉 5 ～ 7 对。花银白色，外面密被鳞片或鳞毛，多花簇生叶腋短小枝上成短总状花序；每花基部具一小苞片，苞片线形，黄色；花梗极短，长约 1mm；萼筒短小，坛状钟形，其顶部急收缩，花萼裂片卵形，开展。果实大，长椭圆形或长圆形，长达 20 ～ 40mm，直立，成熟时红色；果梗粗短。花期 10 ～ 11 月，果期翌年 2 ～ 3 月。

◎**分布**：产云南文山、河口、金平、江城、思茅、景东、勐腊、景洪、勐海、临沧、沧源、凤庆、瑞丽、潞西、盈江、陇川、保山等地；分布于广西西南部。

◎**生境和习性**：生于海拔 200 ～ 1400m 的热带密林中，也见栽培于房前屋后。

◎**观赏特性及园林用途**：枝条交错，叶背银色，花芳香，红果下垂，甚是可爱。宜植于林缘，还可作为绿篱和棚架植物。

使君子

Quisquallis indica

使君子科　使君子属

别名： 留求子，史君子，四君子

形态特征： 攀援状灌木，高2～8m；小枝被棕黄色短柔毛。叶膜质，对生或近对生，卵形或椭圆形，长5～11cm，宽2.5～5.5cm，先端短渐尖，基部钝圆，表面无毛，背面有时疏被棕色柔毛，侧脉7～8对；叶柄幼时密被锈色柔毛。花集生枝顶而成一伞房花序式的穗状花序；萼管纤细；花瓣5，长1.8～2.4cm，宽4～10mm，先端钝圆。初为白色，后转淡红色；雄蕊10，不突出冠外，高低倒二轮排列。果卵形，短尖。具明显的锐棱角5条，成熟时呈青黑色或栗色；种子1颗。花期5～6月，果期8～9月。

◎**分布：** 云南全省各地均可栽培；我国见于四川、贵州至南岭以南各处，长江中下流以北无野生记录；主产我国四川、云南、贵州、湖南南部、广东、广西、江西南部，我国台湾和福建亦产之。分布于印度、缅甸至菲律宾。

◎**生境和习性：** 产于云南南部地区的河岸、林缘及次生疏林中。

◎**观赏特性及园林用途：** 花鲜艳美丽，常用于棚架绿化。

云南勾儿茶

Berchemia yunnanensis

鼠李科　勾儿茶属

别名： 鸦公藤，黑果子

形态特征： 藤状灌木，高 2.5 ～ 5m。小枝黄绿色，老枝黄褐色。叶片纸质，卵状椭圆形，长圆状椭圆形或卵形，长 2.5 ～ 6cm，宽 1.5 ～ 3cm，先端锐尖，常有小尖头，基部圆形，稀宽契形，两面无毛，上面绿色，下面浅绿色，侧脉 8 ～ 12 对，叶脉在两面凸起。花黄色，无毛，常数个簇生，近无总梗或有短总梗，排成聚伞总状或窄圆锥花序，花序常生于侧枝先端，长 2 ～ 5cm，花梗长 3 ～ 4mm，无毛；花芽卵圆形；先端钝或锐尖；雄蕊稍短于花瓣。核果圆柱形，长 6 ～ 9mm，直径 4 ～ 5mm，先端钝而无小尖头，熟时红色，后变黑色，有甜味，基部宿存的花盘皿状；果梗长 4 ～ 5mm。花期 5 ～ 9 月，果期翌年 4 ～ 5 月。

◎**分布：** 产云南东川、丽江、宁蒗、泸水、维西、贡山、香格里拉、德钦、鹤庆、洱源、禄劝、安宁、昆明、大姚；分布于四川、贵州、西藏、陕西、甘肃。

◎**生境和习性：** 生于海拔 1500 ～ 3900m 的山地灌丛或林中。

◎**观赏特性及园林用途：** 果实熟时红色，串串红果挂满藤蔓，十分美丽，可用于棚架绿化。

多花勾儿茶

Berchemia floribunda

鼠李科　勾儿茶属

别名：勾儿茶，牛鼻圈，牛儿藤

形态特征：藤状或直立灌木。幼枝黄绿色，光滑无毛。叶片纸质，上部叶较小，卵形或卵状椭圆形至卵状披针形，长 4 ～ 9cm，宽 2 ～ 5cm，先端锐尖，下部叶较大，椭圆形至长圆形，长达 11cm，宽达 6.5cm，先端钝或圆形，稀短渐尖，基部圆形，稀心形，上面绿色无毛，侧脉 9 ～ 12 对，两面稍凸起。花多数，常数个簇生排成顶生宽聚伞圆锥花序，或下部兼腋生聚伞总状花序，长可达 15cm。核果圆柱状椭圆形，长 7 ～ 10mm，直径 4 ～ 5mm，有时先端稍宽，基部宿存的花盘盘状；果梗长 2 ～ 3mm。花期 7 ～ 10 月，果期翌年 4 ～ 7 月。

◎**分布：**产云南巧家、镇雄、德钦、香格里拉、维西、大理、漾鼻、禄劝、武定、楚雄、易门、昆明、嵩明、峨山、文山、景东、勐海、沧源、龙陵、保山；分布于西藏、四川、贵州、湖南、湖北、广西、广东、福建、江西、浙江、江苏、安徽、河南、陕西、山西、甘肃。

◎**生境和习性：**生于海拔 750 ～ 2700m 的山地灌丛或阔叶林中。

◎**观赏特性及园林用途：**果实熟时红色，串串红果挂满藤蔓，十分美丽，可用于棚架绿化。

三叶地锦

Parthenocissus thomsoni

葡萄科　地锦属

别名：三叶爬山虎，大血藤，三角风

形态特征： 木质藤本。小枝圆柱形，嫩时被疏柔毛。卷须总状4～6分枝，相隔2节间断与叶对生，顶端嫩时尖细卷曲，遇附着物扩大成吸盘。叶为3小叶，着生在短枝上，中央小叶倒卵椭圆形或倒卵圆形，长6～13cm，宽3～6.5cm，顶端骤尾尖，基部楔形，边缘中部以上每侧有6～11个锯齿，侧生小叶卵椭圆形或长椭圆形，长5～10cm，宽3～5cm，顶端短尾尖，基部不对称，近圆形，外侧边缘有7～15个锯齿，内侧边缘上半部有4～6个锯齿，上面绿色，下面浅绿色；侧脉4～7对。多歧聚伞花序着生在短枝上；花瓣5；雄蕊5。果实近球形，直径0.6～0.8cm，有种子1～2颗。花期5～7月，果期9～10月。

◎**分布：** 产云南大关、镇雄、禄劝、昆明、峨山、嵩明、贡山、中甸、维西、丽江、鹤庆、大理、泸水、麻栗坡、文山、屏边、腾冲、镇康；分布于甘肃、陕西、湖北、四川、贵州、西藏。

◎**生境和习性：** 生于海拔1500～2900m的山坡林中或灌丛。喜光植物，能稍耐阴，耐寒，对土壤和气候适应性强。

◎**观赏特性及园林用途：** 蔓茎纵横，密布气根，翠叶遍盖如屏，很具有观赏性，是垂直绿化优良树种之一。适于配植于宅院墙壁、围墙、庭园入口处等处。

扁担藤

Tetrastigma planicaule

葡萄科　崖爬藤属

别名： 扁藤，大芦藤，铁带藤，过江扁龙

形态特征： 落叶木质大型藤本，茎压扁，深褐色。小枝圆柱形或微扁，有纵棱纹。卷须不分枝，相隔 2 节间断与叶对生。叶为掌状 5 小叶，小叶长圆披针形、披针形、卵披针形；侧脉 5～6 对，网脉突出。花序腋生，集生成伞形；花瓣 4，顶端呈风帽状，外面顶部疏被乳突状毛；雄蕊 4；花盘明显，4 浅裂。果实近球形，多肉质，有种子 1～2（3）颗。花期 4～6 月，果期 8～12 月。

◎**分布：** 产云南富宁、麻栗坡、西畴、马关、屏边、金平、景洪、勐腊；分布于福建、广东、广西、贵州、西藏东南部。

◎**生境和习性：** 生丁海拔 400～1550m 的山谷热带亚热带林中或山坡岩石缝中。

◎**观赏特性及园林用途：** 花、果、茎皆奇异美观，颇富观赏性和趣味性，可作生态旅游，科普教育、园林绿化等的重要材料。在城市立体空间绿化诸如棚架、墙体等，以及边坡绿化等方面，扁担藤具有较高的开发利用价值。

常春藤

Hedera nepalensis var. *sinensis*

五加科　常春藤属

别名： 爬墙虎，三角枫，山葡萄

形态特征： 常绿攀援灌木；茎长3～20m，灰棕色或黑棕色，有气生根；一年生枝疏生锈色鳞片，鳞片通常有10～20条辐射肋。叶片革质，在不育枝上通常为三角状卵形或三角状长圆形，稀三角形或箭形。伞形花序单个顶生，花淡黄白色或淡绿白色，芳香。果实球形，红色或黄色。花期9～11月，果期次年3～5月。本变种叶形和伞形花序的排列有较多变化，但其间有过渡类型。

◎**分布：** 云南除南部不产外，其余地区都产；亦见于华中、华东、华南、西南、陕西、甘肃及西藏。

◎**生境和习性：** 生于海拔3500m以下的林中，常攀援于林缘树木、林下路旁、岩石和房屋墙壁上。性喜温暖、荫蔽的环境，忌阳光直射，但喜光线充足，较耐寒，抗性强，对土壤和水分的要求不严。

◎**观赏特性及园林用途：** 常绿，攀爬性较好，可作垂直绿化材料。常用作攀援墙垣及假山的绿化材料；也可盆栽作室内及窗台绿化材料。

大纽子花

Vallaris indecora

夹竹桃科　纽子花属

别名： 糯米饭花，糯米香藤

形态特征： 攀援灌木，有乳汁；茎皮淡灰色，有皮孔。叶纸质，宽卵圆形或倒卵圆形，长 9～12cm，宽 4～8cm，顶端渐尖，基部圆形，有透明腺体，叶面无毛，叶背被短柔毛；侧脉每边约 8 条；叶柄长 5mm，被短柔毛。聚伞花序伞房状，腋生，着花多达 6 朵；总花梗长 1～1.5cm，不分歧；花梗长 1～2cm，密被柔毛；小苞片长圆状披针形，长 5～7mmmm；萼片长圆状卵圆形，长 1～1.5cm，被柔毛；花冠黄色，花冠筒长 8mm，内外面均被短柔毛，冠檐展开，直径达 4cm，花冠裂片半圆形；花药伸出花喉之外，药隔基部的背面具有圆形腺体；柱头斜圆锥状。蓇葖果双生，平行，披针状圆柱形，长 7～9cm，直径约 1cm。花期 3～6 月，果期秋季。

◎**分布：** 产云南漾濞、屏边等地；分布于四川、贵州、广西。

◎**生境和习性：** 生于山地密林沟谷中。喜生长在湿度较大、土壤肥沃和有攀援支撑物的环境。

◎**观赏特性及园林用途：** 有攀援习性，花朵有糯米芳香，花期较长，宜用于棚绿化。

苦　　绳

Dregea sinensis

萝藦科　南山藤属

别名：奶浆藤，隔山撬，白丝藤

形态特征：攀援木质藤本；茎具皮孔；幼枝具褐色绒毛。叶纸质，卵状心形或近圆形，基部心形，长5～11cm，宽4～6cm，叶面被短柔毛，叶背被绒毛；侧脉每边约5条；叶柄长1.5～4cm，被绒毛，顶端具丛生小腺体。伞状聚伞花序腋生，着花多达20朵；萼片卵圆形至卵状长圆形，内面基部有腺体；花冠辐状，直径达1.6cm，外面白色，内面紫红色，冠片卵圆形，长6～7mm，宽4～6mm，顶端钝而有微凹，有缘毛；副花冠裂片肉质肿胀，端部内角锐尖；花药顶端有膜片。蓇葖果狭披针形，长5～6cm，直径约1.2cm，外果皮具波纹，被短柔毛。花期4～8月，果期7～10月。

◎**分布：**产云南昆明、嵩明、华宁、澂江等地；湖北、广西、贵州、四川、甘肃、陕西也有。

◎**生境和习性：**生于海拔500～3000m的山地疏林或灌木丛中。

◎**观赏特性及园林用途：**花序大，花色鲜艳美丽，果形奇特，可用于棚架绿化及攀爬假山。

羊角拗

Strophanthus divaricatus

萝藦科　羊角拗属

形态特征：灌木，高达 2m，全株无毛，上部枝条蔓延，小枝有皮孔。叶薄纸质，椭圆状长圆形或椭圆形，长 3 ～ 10cm，宽 1.5 ～ 5cm，顶端短渐尖或急尖，基部楔形，叶缘全缘或有时略有微波状；侧脉每边约 6 条。聚伞花序顶生，通常着花 3 朵；萼片披针形；花冠黄色，漏斗状，上部扩大呈钟状，花冠裂片向外弯垂，基部卵状披针形，向上延长成一长尾带状，裂片内面基部和花冠筒的喉部有紫红色斑纹；副花冠由 10 枚舌状鳞片组成，黄白色，伸出花冠喉部。蓇葖果广叉生，木质，椭圆状长圆形，顶端渐尖，基部膨大，绿色，干时黑色，有纵条纹。花期 3 ～ 7 月，果期 6 月至翌年 2 月。

◎**分布：**产云南南部；分布于贵州、广西、广东、福建等省区。

◎**生境和习性：**生于丘陵山地、山坡路旁或灌木丛中。

◎**观赏特性及园林用途：**果形奇特，为观果藤蔓植物，可用于棚架和公路边坡绿化。

素方花

Jasminum officinale

木犀科　素馨属

别名： 耶悉茗

形态特征： 攀援灌木。小枝具棱或沟，无毛，稀被微柔毛。叶对生，羽状深裂或羽状复叶，小叶通常5～7枚，小枝基部常有不裂的单叶；叶轴常具狭翼；叶片和小叶片两面无毛或疏被短柔毛；顶生小叶片卵形、狭卵形或卵状披针形至狭椭圆形，先端急尖或渐尖，稀钝，基部楔形。聚伞花序伞状或近伞状，顶生，稀腋生；花冠白色，或外面红色，内面白色。果球形或椭圆形，成熟时由暗红色变为紫色。花期5～8月，果期9月。

◎**分布：** 产滇中、滇西及滇西北部；分布于我国四川、西藏，其他地区有栽培。

◎**生境和习性：** 生于海拔1900～2800m的山坡疏林、灌丛或路边。

◎**观赏特性及园林用途：** 枝叶茂密，白花翠蔓，甚为美观。株态轻盈，枝叶秀丽，四季常青，是理想的庭园观赏植物。可作棚架、门廊、围栏、枯树等绿化材料，也可盆栽观赏。

金银花

Lonicera japonica

忍冬科　忍冬属

别名：忍冬花，金银藤

形态特征：半常绿木质藤本，多分枝；茎皮作条状剥落，枝中空；幼枝暗红褐色，密被黄褐色开展糙毛和腺毛。叶片纸质，卵形至长圆状卵形，稀倒卵形或卵状披针形，长 3 ~ 8cm，宽 1.5 ~ 4cm，先端短尖或钝，基部圆形至近心形，边缘全缘且具缘毛，着生小枝上部的叶通常两面密生短糙毛，下部者常平滑无毛。花双生，着生在叶腋，密被短柔毛和腺毛；苞片叶状，两面均被毛或稀无毛；花冠先白色，有时基部向阳面略带红色，后转黄色，长 3 ~ 4cm，外面有柔毛和腺毛，二唇形，上唇具 4 裂片且直立，下唇反转；雄蕊 5，与花柱均伸出花冠。果球形，直径 6 ~ 7mm，熟时蓝黑色。花期 4 ~ 6 月，少数于 7 ~ 8 月第二次开花，果期 10 ~ 11 月。

◎分布：云南昆明、河口、漾濞、丽江等地有栽培，常见于村旁或庭园。

◎生境和习性：分布于我国南部各省区，通常在海拔 1000m 以下较为常见。性强健，喜光，也耐阴；耐寒，耐干旱和水湿。

◎观赏特性及园林用途：花型独特美丽，夏日开花不绝，黄白相映，且有芳香，是良好的垂直绿化及棚架材料。由于匍匐生长能力比攀援生长能力强，故更适合在林下、林缘、建筑物北侧等处作地被栽培；还可以作绿化矮墙；亦可以利用其缠绕能力制作花廊、花架、花栏、花柱及缠绕假山石等。

毛过山龙

Rhaphidophora hookeri

天南星科　崖角藤属

别名： 过山龙，大百步还阳，尤咀

形态特征： 攀援藤本。茎圆柱形，粗 8 ～ 12mm，节间短，长 0.5 ～ 1cm。叶片纸质，不等侧的长圆形，长 27.5 ～ 45cm，先端有长 1.5 ～ 2cm 的渐尖，宽 15 ～ 30cm，基部圆形、截形或微心形；中肋表面下凹，背面隆起且常被柔毛，1 级侧脉极多数，背面明显隆起。叶柄腹面具浅槽。佛焰苞肉质，外面绿色，内面黄色，长圆状卵形，长 5 ～ 6cm。肉穗花序无柄，圆柱形或椭圆形，先端钝，黄色。花两性，雌蕊长约 6mm，上面不明显的六角形。花期 3 ～ 7 月。

◎**分布：** 产云南西北部、西南部至东南部；我国贵州、四川、广西、广东也有。

◎**生境和习性：** 生于海拔 280 ～ 2200m，常见于山坡或山谷密林中，攀援于大树上。喜温暖湿润和半阴环境，不耐寒。

◎**观赏特性及园林用途：** 叶片硕大，浓绿光亮，佛焰苞黄色美丽，可用于柱子、假山、挡墙、树干的垂直绿化。

爬树龙

Rhaphidophora decursiva

天南星科　崖角藤属

别名：过山龙，青竹标，老蛇藤

形态特征 附生藤本。茎粗壮，直径达3～5cm，背面绿色，腹面黄色，节环状，黄绿色，生多数肉质气生根，节间长1～2cm。幼茎上叶片圆形，长16cm，宽13cm，先端骤尖，全缘；成熟茎上叶片轮廓卵状长圆形，卵形，表面绿色，背面淡绿色，发亮，长60～70cm，宽40～50cm，有时更长大，先端锐尖，基部亚心形，中脉腹面下陷，背面隆起；不等侧羽状深裂达中脉，裂片6～9（～15）对，中部裂片线形，向上裂片渐狭，基生裂片较宽，可达6～7cm。花序腋生。佛焰苞肉质，二面黄色，边缘稍淡，蕾时席卷，花时展开成舟状。肉穗花序无柄，灰绿色，圆柱形。果序粗棒状，长15～20cm，粗5～5.5cm。花期5～8月。果期至12月。

◎**分布：**产云南西北部、西南部、南部至东南部；我国西藏、贵州、广西、广东、福建、台湾也有。

◎**生境和习性：**生于海拔1090～1800m，常见于沟谷雨林或常绿阔叶林中，攀援于大树树干上。喜温暖湿润和半阴环境，不耐寒。

◎**观赏特性及园林用途：**叶片硕大奇特，浓绿光亮，佛焰苞黄色美丽，可用于柱子、假山、挡墙、树干的垂直绿化。

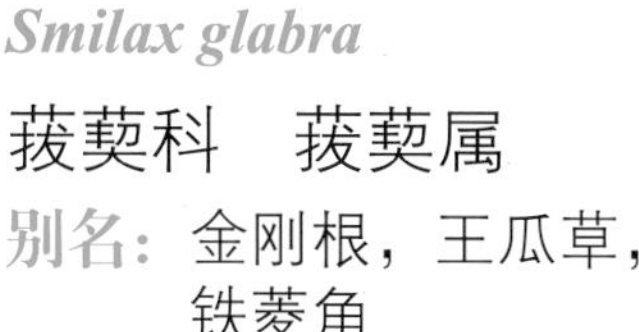

土茯苓

Smilax glabra

菝葜科　菝葜属

别名：金刚根，王瓜草，铁菱角

形态特征： 攀援灌木。根状茎粗厚，成不规则块状。茎无刺，长 1 ～ 4m，枝条光滑。叶片革质，常为披针形或椭圆状披针形，长 3 ～ 12cm，宽 1 ～ 3.5cm，先端渐尖，基部楔形或近圆形，叶面绿色，背面绿色或有时带苍白色；主脉 3 条，较细，网脉不显；叶柄下部 1/4 ～ 3/5 处具狭鞘，鞘上方有卷须。伞形花序单生叶腋，具花 10 余朵；总花梗几无或长 2 ～ 5mm；花序托膨大，圆球形，直径 2 ～ 5mm，小苞片宿存；花绿白色，六棱状球形，直径约 3mm。浆果球形，直径 5 ～ 10mm，成熟时紫黑色，具粉霜。花期 8 ～ 9 月，果期 10 ～ 11 月。

◎**分布：** 产于云南大部分地区（除怒江、迪庆外）均有；甘肃南部和长江流域以南各省区，直到台湾、海南有分布。

◎**生境和习性：** 生于海拔 800 ～ 2200m 的路旁、林内、林缘。

◎**观赏特性及园林用途：** 叶片光滑绿色，果实美丽，是较好的观果、观叶藤蔓植物，可用作地被或用于攀爬假山。

参考文献

[1] 陈有民 . 园林树木学（第 2 版）[M]. 北京：中国林业出版社，2011.

[2] 陈有民 . 中国园林绿化树种区域规划 [M]. 北京：中国建筑工业出版社，2006.

[3] 陈丽，董洪进，彭华 . 云南省高等植物多样性与分布状况 [J]. 生物多样性，2013，21（3）：359-363.

[4] 冯国楣 . 丰富多采的云南花卉资源 [J]. 园艺学报，1981，8（01）：59-64.

[5] 傅立国 . 中国高等植物 [M]. 青岛：青岛出版社，2000.

[6] 高正清 . 云南乡土植物资源的保护与利用 [J]. 西南农业学报，2006，19（增刊）：239-244.

[7] 关文灵 . 园林植物造景 [M]. 北京：中国水利水电出版社，2013.

[8] 关文灵，李叶芳 . 风景园林树木学 [M]. 北京：化学工业出版社，2014.

[9] 观赏树木学 [M] . 北京：中国农业出版社，2009.

[10] 姜汉侨 . 云南植被分布的特点及其地带规律性 [J]. 云南植物研究，1980（01）.

[11] 李锡文 . 云南植物区系 [J]. 云南植物研究，1985，7（4）：361-382.

[12] 刘云彩，施莹，张学星 . 云南城市绿化树种 [M]. 昆明：云南民族出版社，2008.

[13] 祁承经，汤庚国 . 树木学（南方本）[M]. 中国林业出版社，2005.

[14] 吴征镒，朱彦丞主编 . 云南植被 [M]. 北京：科学出版社，1987.

[15] 云南省植物研究所，中国科学院昆明植物研究所 [M]. 云南植物志（各卷册）. 北京：科学出版社，1977-2006.

[16] 张启翔主编 . 中国观赏植物种质资源（宁夏卷）[M]. 北京：中国林业出版社，2011.

[17] 中国科学院植物志编委会 . 中国植物志（各卷册）[M]. 北京：科学出版社，1979-1990.

[18] 中国植物物种信息数据库 http://db.kib.ac.cn/eflora/Default.aspx.

植物拉丁学名索引

植物中文名索引

（按拼音顺序排列）